"十三五"江苏省高等学校重点教材
（编号：2018-1-051）

高等职业教育通信类课程
新形态一体化规划教材

通信工程制图与勘察设计

（第2版）

主　编　杜文龙　乔　琪
副主编　徐雪峰　董晓丹　罗红艳

高等教育出版社·北京

内容简介

本书是高等职业教育通信类课程新形态一体化规划教材之一。

"通信工程制图"是高等职业院校网络通信类专业的基础课程。本书以通信工程项目中的线路工程和设备工程项目为载体,共包括 4 个项目、17 个任务,通过×××学院通信基站光缆接入线路工程图绘制、×××学院通信基站光缆接入线路设备工程图绘制、×××地区通信基站光缆接入综合工程勘察,以及×××地区通信基站光缆接入综合工程设计 4 个项目,详细介绍 AutoCAD 2019 常用命令的基本操作方法,以及通信综合工程项目勘察和设计的基本过程和方法。全书强调知识的实用性,并注重行业标准及规范的实施,可让学生在完成任务的过程中,掌握分析问题和解决问题的基本方法。

为了让学习者能够快速且有效地掌握核心知识和技能,也方便教师采用更有效的传统方式教学,或者更新颖的线上线下的翻转课堂教学模式,本书配有 100 多节微课,已在智慧职教平台(www.icve.com.cn)上线,学习者可登录网站进行学习,也可通过扫描书中的二维码观看教学视频,随扫随学。此外,本书还提供了其他数字化课程教学资源,包括 PPT 教学课件、所有任务的教学指南(教学设计)和学习指南(任务单)、案例素材、题库、参考资料、教学大纲、授课计划等,获取方式详见"智慧职教服务指南"。

本书适合作为高等职业院校通信类专业、计算机网络专业的教材,也适合通信工程技术人员作为学习资料使用。

图书在版编目(ＣＩＰ)数据

通信工程制图与勘察设计/杜文龙,乔琪主编.--
2 版.--北京:高等教育出版社,2019.11(2022.12 重印)
ISBN 978-7-04-053209-8

Ⅰ.①通… Ⅱ.①杜… ②乔… Ⅲ.①通信工程-工程制图-高等职业教育-教材②通信工程-工程设计-高等职业教育-教材 Ⅳ.①TN91

中国版本图书馆 CIP 数据核字(2019)第 275475 号

通信工程制图与勘察设计

TONGXIN GONGCHENG ZHITU YU KANCHA SHEJI

策划编辑	郑期彤	责任编辑	郑期彤	封面设计	赵 阳	版式设计	于 婕
插图绘制	于 博	责任校对	张 薇	责任印制	韩 刚		

出版发行	高等教育出版社	网　址	http://www.hep.edu.cn
社　址	北京市西城区德外大街 4 号		http://www.hep.com.cn
邮政编码	100120	网上订购	http://www.hepmall.com.cn
印　刷	涿州市星河印刷有限公司		http://www.hepmall.com
开　本	787mm×1092mm　1/16		http://www.hepmall.cn
印　张	17	版　次	2017 年 8 月第 1 版
字　数	430 千字		2019 年 11 月第 2 版
购书热线	010-58581118	印　次	2022 年 12 月第 5 次印刷
咨询电话	400-810-0598	定　价	43.80 元

"智慧职教" 服务指南

　　"智慧职教"（www.icve.com.cn）是由高等教育出版社建设和运营的职业教育数字教学资源共建共享平台和在线课程教学服务平台，与教材配套课程相关的部分包括资源库平台、职教云平台和App等。用户通过平台注册，登录即可使用该平台。

　　● 资源库平台：为学习者提供本教材配套课程及资源的浏览服务。

　　登录"智慧职教"平台，在首页搜索框中搜索"通信工程制图"，找到对应作者主持的课程，加入课程参加学习，即可浏览课程资源。

　　● 职教云平台：帮助任课教师对本教材配套课程进行引用、修改，再发布为个性化课程（SPOC）。

　　1. 登录职教云平台，在首页单击"新增课程"按钮，根据提示设置要构建的个性化课程的基本信息。

　　2. 进入课程编辑页面设置教学班级后，在"教学管理"的"教学设计"中"导入"教材配套课程，可根据教学需要进行修改，再发布为个性化课程。

　　● App：帮助任课教师和学生基于新构建的个性化课程开展线上线下混合式、智能化教与学。

　　1. 在应用市场搜索"智慧职教 icve"App，下载安装。

　　2. 登录 App，任课教师指导学生加入个性化课程，并利用 App 提供的各类功能，开展课前、课中、课后的教学互动，构建智慧课堂。

　　"智慧职教"使用帮助及常见问题解答请访问 help.icve.com.cn。

前言

一、起因

2017 年 1 月 17 日,工业和信息化部印发了《信息通信行业发展规划(2016—2020 年)》(工信部规〔2016〕424 号,以下简称《规划》)。《规划》明确指出:"十三五"期间,围绕"一带一路"倡仪实施,国家将推动建设多个合作平台,通信行业"走出去"迎来新契机,在国家战略引导和行业发展需求的推动下,拓展合作领域和层次,由通信设备出口和建设施工为主向电信运营等全产业链拓展,国家将构建新一代信息通信基础设施,包括推动高速光纤宽带网络跨越发展、加快建设先进泛在的无线宽带网和国际通信网络部署工程重点项目。可以说,通信行业又将迎来快速发展机遇。为了适应行业发展,积极响应国家"一带一路"倡仪,企业必须做出新的反应,进行企业部门整合,相应岗位势必发生变化。而对于通信工程技术人员来说,通信工程制图与勘察设计是他们必须掌握的一项基本技能。

《教育部关于深化职业教育教学改革 全面提高人才培养质量的若干意见》(教职成〔2015〕6 号文)指出,职业教育应强化行业企业对教育教学的指导、推进专业教学紧贴技术进步和生产实际、有效开展实践性教学,这就要求职业教育的教学内容应符合行业发展的要求,满足企业岗位的需求。教学的开展是以课程作为有效的载体,其中,教材是课程最重要的资源。因此,教材的内容也应与行业发展同步。

在这样的大背景下,我们以行业发展为背景、以岗位需求为导向、以项目为载体、以职业技能考核标准为依据、以任务为驱动,邀请行业企业专家、教育专家、一线技术人员和专业教师,共同组成开发团队,开发了这本工学结合、"教学做"一体化的新形态教材。全书内容丰富新颖、图文并茂、层次清楚、语言简洁,使读者既能够学习到理论知识,又能够通过实际操作培养实用技能。与第 1 版相比,为了满足企业岗位变化需求,本版增加了对通信工程概预算相关知识的介绍。同时,为了适应新技术发展、功能变化、软件升级的需要,本版中将绘图软件 AutoCAD 的版本从 2015 版更新至 2019 版。

二、内容架构

全书共分为 4 个项目、17 个任务,以通信工程项目中典型的线路工程和设备工程图纸绘制为主线,详细介绍通信工程项目相关基本概念、行业规范和要求、AutoCAD 2019 常用命令的基本操作方法等内容。本书在内容选取上以通信工程勘察与设计岗位要求为依据;在内容组织上遵循学生职业成长规律,由简单到复杂,层层推进;在内容体现上以真实项目为载体,增强学习的针对性;在内容实施中以任务为驱动,培养学生分析问题和解决问题的能力。

三、特色与创新

(1) 行企指导、工学结合、教学做证一体化教材。

① 以通信工程勘察设计岗位需求为目标进行内容选取。

② 以工作过程为主线、以企业真实项目为载体组织教材内容。

③ 以满足 AutoCAD 职业技能标准为依据把握内容难度。

④ 以通信工程真实情境实现教材内容。

⑤ 以任务为驱动实施教学,培养学生分析问题、解决问题的能力和创新意识。

（2）教学内容组织遵循学生职业成长规律,由简单到复杂,层层推进。在任务具体内容安排上,总体分成 5 个模块,具体思路如下。

① 任务描述:提出问题,让学生明确学习目标。

② 任务分析:分析问题,提出解决问题的思路。

③ 任务实施:完成任务的工作过程。

④ 知识解读:解决问题必备的理论知识。

⑤ 知识拓展:丰富拓展案例,培养学生再发展能力。

（3）立体化的教材辅助材料,提高学习质量。

为了保障学生的学习效率,开发立体化的教材辅助材料,包括微课、PPT 教学课件、所有任务的教学指南(教学设计)和学习指南(任务单)、案例素材、题库、参考资料、教学大纲、授课计划等,可访问 www.icve.com.cn 网站观看或下载。部分材料可发送电子邮件至 gzdz@ pub.hep.cn 获取。

（4）融入思政案例,实现立德树人根本。

以《高等学校课程思政建设指导纲要》为指导,围绕四个自信、工匠精神等多方面挖掘思政元素,开发了 45 个思政案例载体,让学生在掌握基本知识和技能的基础上,有效传承大国工匠精神,提高家国情怀,增强遵纪守法意识。

课程思政元素及案例载体

（5）线上线下、平台支撑,教学中实现翻转。

针对本门课程提供在线课程学习平台,实现了线上线下学习相结合。借助平台,教师可以根据实际需要自行选择教学内容,在教学中实现翻转,让学生逐渐成为学习的主角,提升学生的学习效果。具体使用方式参见"智慧职教服务指南"。

四、编写分工及致谢

本书由淮安信息职业技术学院的杜文龙和乔琪担任主编,淮安信息职业技术学院的徐雪峰、江苏信息职业技术学院的董晓丹、苏州工业职业技术学院的罗红艳担任副主编。其中,杜文龙负责全书架构设计及内容统稿,并编写任务 1~任务 5;徐雪峰编写任务 6~任务 10;董晓丹编写任务 11~任务 13;罗红艳编写任务 14~任务 15;乔琪编写任务 16~任务 17;淮安信息职业技术学院的谌梅英负责案例整理;中邮建技术有限公司的王小飞提供技术支持。

在本书的编写过程中,得到了中邮建技术有限公司等企业的大力支持,在此一并表示诚挚的感谢。

由于编者水平有限,书中难免存在不妥之处,恳请广大读者提出宝贵意见。

编 者

2022 年 9 月

目录

项目 1

×××学院通信基站光缆接入线路工程图绘制

通信线路工程是通信工程施工的重要内容，包括架空线路工程、管道线路工程和直埋线路工程。本项目以×××学院通信基站光缆接入线路工程为例，详细介绍通信线路工程图的基本组成以及架空线路工程图和管道线路工程图的基本绘制方法。

任务1
通信工程图纸初识

教学指南
任务1教学设计

学习指南
任务1任务单

PPT
任务1教学课件

竞赛
任务1知识抢答

知识目标

- 了解AutoCAD 2019软件
- 掌握AutoCAD 2019系统环境设置方法
- 掌握AutoCAD 2019软件的基本操作
- 掌握通信工程制图的基础知识

能力目标

- 打开×××公司光缆接入工程路由图
- 完成×××公司光缆接入工程路由图系统环境设置
- 新建"CAD环境设置"文件

1.1 任务描述

　　随着智慧校园的建设,×××学院需要接入通信基站光缆,×××公司承揽了此项目,并派小王先进行项目工程设计。在进行设计前,小王先要查阅一些设计图纸,借鉴经验。小王打开×××公司光缆接入工程路由图,如图1-1所示,进行图纸要素的识读,并将图纸界面的配色方案由暗改为明,将黑色背景修改为白色背景,调整十字光标的大小为10,设置默认保存路径为"D:\通信工程设计"。完成以上操作后,小王将图纸保存在计算机桌面上以"学号+姓名"命名的文件夹中,文件名的命名规则为:学号+姓名+"任务1通信工程图纸初识"。

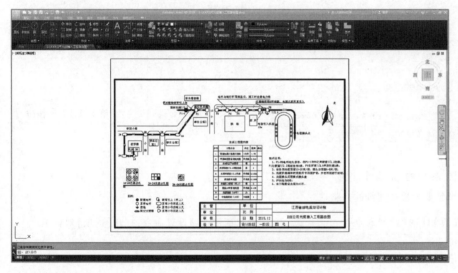

图1-1 ×××公司光缆接入工程路由图

素材
×××公司光
缆接入工程
路由图

1.2 任务分析

　　根据任务要求,首先打开×××公司光缆接入工程路由图的 CAD 图纸,如图1-1所示,然后识读图纸,最后按照要求对配色方案、背景、十字光标、保存路径等相关参数进行更改和配置。

微课
通信工程图纸
初识

1.3 任务实施

　　任务实施的具体步骤如表1-1所示。

测验
通信工程图纸
初识随堂测验

表 1-1　任务 1 实施步骤

操作步骤	操作过程	操作说明
步骤 1 启动软件	双击桌面上的 AutoCAD 2019 快捷图标	打开 AutoCAD 2019 软件
步骤 2 打开文件	选择【文件】|【打开】菜单命令 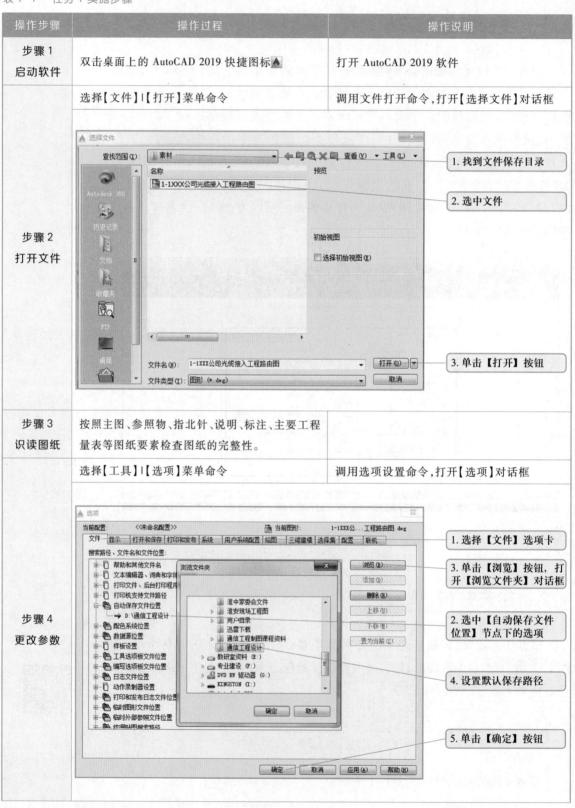	调用文件打开命令,打开【选择文件】对话框 1. 找到文件保存目录 2. 选中文件 3. 单击【打开】按钮
步骤 3 识读图纸	按照主图、参照物、指北针、说明、标注、主要工程量表等图纸要素检查图纸的完整性。	
步骤 4 更改参数	选择【工具】|【选项】菜单命令	调用选项设置命令,打开【选项】对话框 1. 选择【文件】选项卡 3. 单击【浏览】按钮,打开【浏览文件夹】对话框 2. 选中【自动保存文件位置】节点下的选项 4. 设置默认保存路径 5. 单击【确定】按钮

续表

操作步骤	操作过程	操作说明
步骤4 更改参数	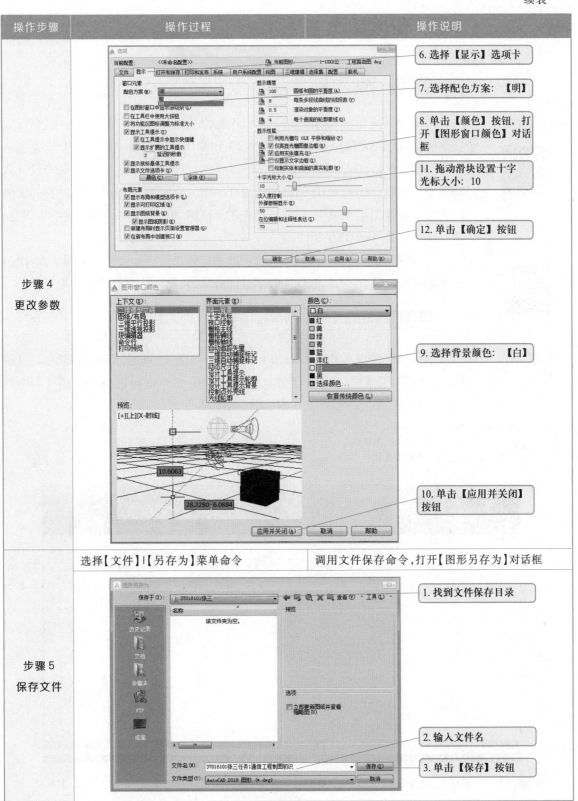	6. 选择【显示】选项卡 7. 选择配色方案：【明】 8. 单击【颜色】按钮，打开【图形窗口颜色】对话框 11. 拖动滑块设置十字光标大小：10 12. 单击【确定】按钮 9. 选择背景颜色：【白】 10. 单击【应用并关闭】按钮
步骤5 保存文件	选择【文件】|【另存为】菜单命令	调用文件保存命令，打开【图形另存为】对话框
		1. 找到文件保存目录 2. 输入文件名 3. 单击【保存】按钮

1.4 知识解读

1.4.1 AutoCAD 简介

参考资料
AutoCAD 的功能

微课
AutoCAD 2019
绘图界面

AutoCAD 是由美国 Autodesk 公司开发的一款大型计算机辅助绘图软件,主要用来绘制工程图样。Autodesk 公司自 1982 年推出 AutoCAD 的第一个版本 AutoCAD 1.0 起,在全球已经拥有上千万用户,多年来积累了无法估量的设计数据资源。该软件作为 CAD 领域的主流产品和工业标准,一直凭借其独特的优势而为全球设计工程师采用,目前广泛应用于机械、电子、通信、建筑、航空等行业。本书使用的是 AutoCAD 2019。

AutoCAD 是一款辅助设计软件,可以满足通用设计和绘图的主要需求,同时提供各种接口,可以和其他软件共享设计成果,并能十分方便地进行管理。

1.4.2 AutoCAD 2019 绘图界面

测验
AutoCAD 2019
绘图界面随堂
测验

AutoCAD 2019 绘图界面如图 1-2 所示,包括菜单栏浏览器、标题栏、快速访问工具栏、菜单栏、文件标签栏、功能区、绘图区、命令行窗口、滚动条(图中未显示)、ViewCube 工具、导航栏和坐标系图标等。

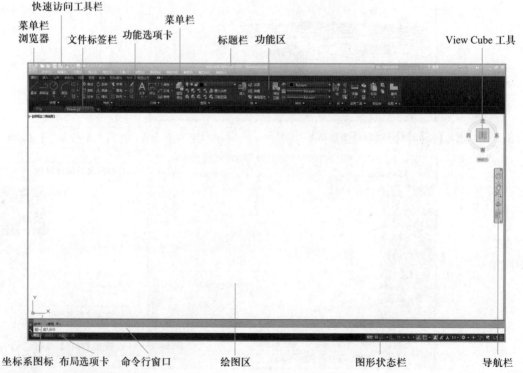

图 1-2　AutoCAD 2019 绘图界面

1. 菜单栏浏览器

菜单栏浏览器按钮位于窗口左上角,单击该按钮,可以展开 AutoCAD 2019 用于管理图形文件的命令,如图 1-3 所示,可用于执行新建、打开、保存、打印、输出等操作,以及查看最近使用的文件等。

2. 标题栏

标题栏位于 AutoCAD 2019 绘图界面最上端,它显示系统正在运行的应用程序和用户正在打开的图形文件的信息。

3. 快速访问工具栏

快速访问工具栏位于标题栏左侧,它提供了常用的快捷按钮,默认情况下,它由 9 个快捷按钮组成,如图 1-4 所示,依次为【新建】、【打开】、【保存】、【另存为】、【从网络打开文件】、【保存到网络】、【打印】、【重做】、【放弃】按钮。

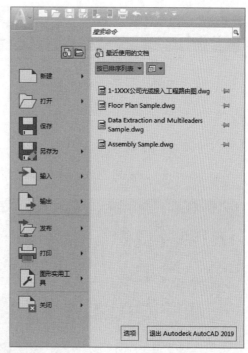

图 1-3　菜单栏浏览器

图 1-4　快速访问工具栏

4. 菜单栏

AutoCAD 2019 的菜单栏位于标题栏下方,为下拉式菜单,其中包含了相应的子菜单。菜单栏中共有【文件】、【编辑】、【视图】、【插入】、【格式】、【工具】、【绘图】、【标注】、【修改】、【参数】、【窗口】和【帮助】共 12 个菜单,如图 1-5所示。

| 文件(F) | 编辑(E) | 视图(V) | 插入(I) | 格式(O) | 工具(T) | 绘图(D) | 标注(N) | 修改(M) | 参数(P) | 窗口(W) | 帮助(H) |

图 1-5　菜单栏

5. 文件标签栏

每一个打开的图形文件都会在标题栏中显示一个标签,单击文件标签即可快速切换至相应的图形文件窗口。

6. 功能区

功能区是一种智能的人机交互界面,它将 AutoCAD 常用的命令进行分类,并分别放置于各选项卡中,每个选项卡包含若干面板,其中放置相应的工具按钮,如图 1-6 所示。

图 1-6　功能区

7. 绘图区

AutoCAD 2019 绘图界面中的一大片空白区域是用户进行绘图的主要工作区域,即绘图区,如图 1-7 所示。图形窗口的绘图区实际上是无限大的,用户可以通过缩放、平移等命令来观察绘图区的图形。

图 1-7　绘图区

8. 命令行窗口

命令行窗口位于绘图界面底部,用于接收和输入命令,并显示 AutoCAD 的提示信息,如图 1-8 所示。

图 1-8　命令行窗口

命令行窗口分为两部分:命令行和命令历史窗口。命令行用于接收用户输入的命令(不区分大小写),并显示 AutoCAD 的提示信息。命令历史窗口中会显示本次 AutoCAD 启动后所用过的全部命令及提示信息。该窗口有垂直滚动条,可以上下滚动查看以前用过的命令。

AutoCAD 还提供文本窗口,其作用和命令历史窗口一样,记录了文件进行的所有操作,如图 1-9 所示。文本窗口默认不显示,可以通过按 F2 键调用。

9. 滚动条

滚动条包括垂直滚动条和水平滚动条,可以利用它们来控制图样在窗口中的位置。如果没有显示滚动条,可以选择【工具】|【选项】菜单命令,打开【选项】对话框,选择【显示】选项卡,在如图 1-10 所示的【窗口元素】选项组中选中【在图形窗口中显示滚动条】复选框,单击【确定】按钮,屏幕上就会出现垂直滚动条和水平滚动条。

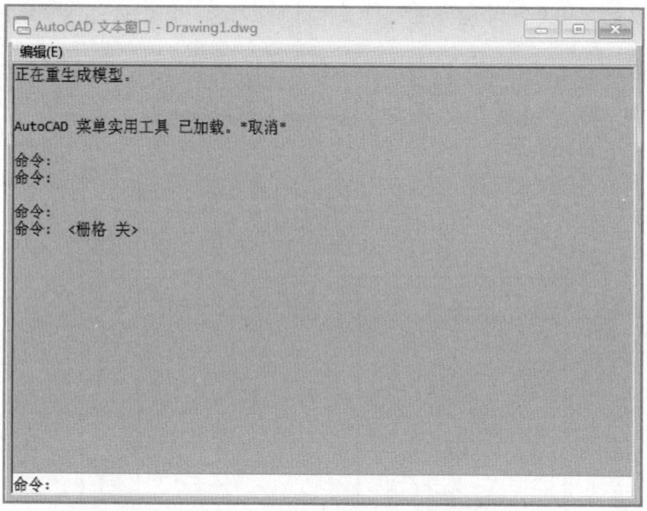

图 1-9　AutoCAD 文本窗口

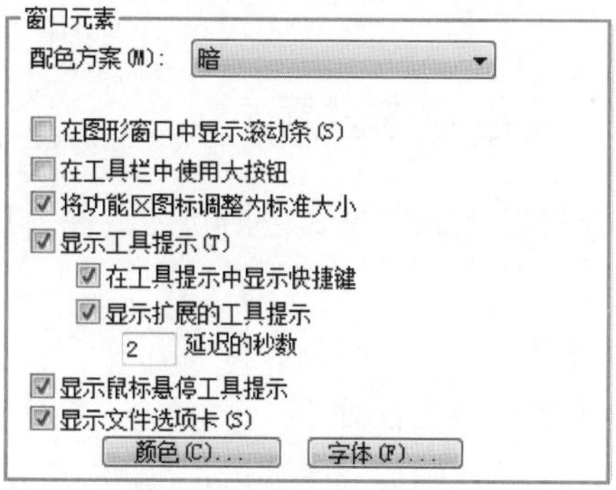

图 1-10　【显示】选项卡的【窗口元素】选项组

10. ViewCube 工具

ViewCube 工具在绘图区右上角,用于控制图形的显示和视角,如图 1-11 所示。一般在二维状态下,不用显示该工具。在【选项】对话框中选择【三维建模】选项卡,然后取消选中【在二维模型空间中】选项组中的【显示 ViewCube】复选框,单击【确定】按钮,即可取消 ViewCube 工具的显示。

11. 导航栏

导航栏位于绘图区右侧,用于控制图形的缩放、平移、回放、动态观察等,如图 1-12 所示。一般在二维状态下,不用显示导航栏。要关闭导航栏,只需单击导航栏右上角的 ✕ 按钮即可。在【视图】选项卡的【窗口】面板中打开【用户界面】下拉菜单,选中或取消选中【导航栏】复选框,也可以打开或关闭导航栏。

12. 坐标系图标

坐标系图标用来表示当前绘图所使用的坐标系形式及坐标的方向性等特

征,图1-2中显示的是"世界坐标系"。可以关闭坐标系图标,让其不显示,也可以定义一个方便自己绘图的"用户坐标系"。如果想要关闭坐标系图标,可以选择【视图】|【视口工具】|【UCS图标】|【隐藏】菜单命令。

图1-11 ViewCube工具 　　　图1-12 导航栏

1.4.3 AutoCAD 2019 文件管理

AutoCAD 2019的文件基本操作主要包括新建文件、打开文件、保存文件和关闭文件等。

1. 启动 AutoCAD 2019

启动 AutoCAD 2019 的常用方法如下。

- 桌面快捷方式启动:双击 Windows 桌面上的快捷图标 。
- 程序菜单启动:在 Windows 桌面左下角选择【开始】|【程序】|Autodesk|AutoCAD 2019 菜单命令。
- 文件关联启动:双击扩展名为 DWG 的文件,可以启动 AutoCAD 2019,并打开该文件。

2. 新建文件

新建文件的方法如下。

- 菜单栏:选择【文件】|【新建】菜单命令。
- 工具按钮:单击快速访问工具栏中的【新建】按钮 。
- 快捷键:Ctrl+N。

执行以上操作后,系统会弹出【选择样板】对话框,如图1-13所示。在【名称】列表框中选择一个合适的样板,单击【打开】按钮,即可新建一个图形文件。

3. 打开文件

绘制一幅工程图时,可能无法一次完成,需要下一次继续进行绘制,或者关闭文件后发现文件中有错误与不足,要进行编辑修改,这时就要执行打开文件的操作。

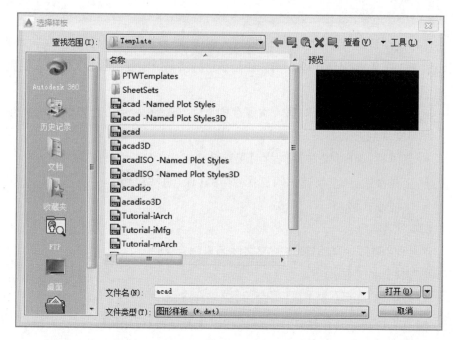

图 1-13　【选择样板】对话框

打开文件的方法如下。

- 菜单栏:选择【文件】|【打开】菜单命令。
- 工具按钮:单击快速访问工具栏中的【打开】按钮 。

执行以上操作后,系统会弹出【选择文件】对话框,如图 1-14 所示。在对话框中选择需要打开的文件,单击【打开】按钮,即可打开文件。

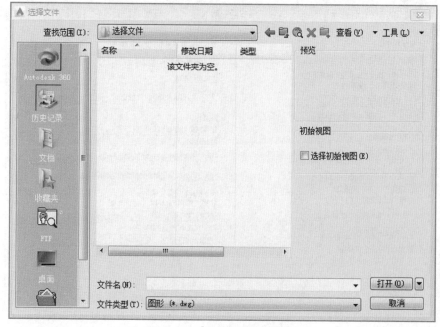

图 1-14　【选择文件】对话框

4. 保存文件

保存文件是将内存中的文件信息写入磁盘,以避免信息因为断电、关机或死机而丢失。在 AutoCAD 2019 中可以使用多种方法将所绘制的图形文件存入磁盘。

(1) 保存

这种保存方式主要针对第一次保存的文件,或者已经存在但被修改的文件。

保存文件的方法如下。

- 菜单栏:选择【文件】|【保存】菜单命令。
- 工具按钮:单击快速访问工具栏中的【保存】按钮🖫。
- 快捷键:Ctrl+S。

(2) 另存

这种保存方式可以另设路径或文件名来保存文件。

另存文件的方法如下。

- 菜单栏:选择【文件】|【另存为】菜单命令。
- 工具按钮:单击快速访问工具栏中的【另存为】按钮🖫。
- 快捷键:Ctrl+Shift+S。

(3) 自动备份文件

为了防止文件丢失,用户可以设置自动备份文件,以免意外发生时不能及时保存文件。

选择【工具】|【选项】菜单命令,系统将弹出【选项】对话框,如图 1-15 所

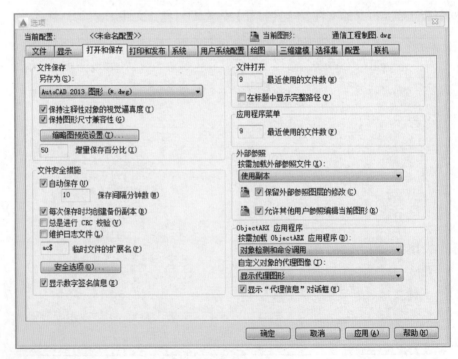

图 1-15　【选项】对话框

示。选择【打开和保存】选项卡,在【文件安全措施】选项组中选中【自动保存】复选框,同时可以设置【保存间隔分钟数】。

5. 关闭文件

在 AutoCAD 2019 中,要关闭图形文件,可以单击菜单栏右侧的【关闭】按钮 ✖(如果不显示菜单栏,可以单击文件窗口右上角的关闭按钮 ✖,注意不是应用程序窗口)。如果当前的图形文件还没存过盘,这时 AutoCAD 2019 会给出是否存盘的提示,单击【是】按钮,系统会弹出【图形另存为】对话框,存盘即可,存盘后文件被关闭;如果单击【否】按钮,则文件不保存并被关闭;如果单击【取消】按钮,会取消关闭文件的操作。

6. 退出 AutoCAD 2019

AutoCAD 2019 支持多文档操作,也就是说,可以同时打开多个图形文件,同时在多张图纸上进行操作,这对提高工作效率是非常有帮助的。当完成绘制或者修改工作后,暂时用不到 AutoCAD 2019 时,最好先退出 AutoCAD 2019,再进行别的操作。

退出 AutoCAD 2019 系统的方法与关闭图形文件的方法类似。单击标题栏中的【关闭】按钮 ✖,如果当前的图形文件以前没有保存过,系统也会给出是否存盘的提示。如果需要保存,单击【是】按钮;如果不需要保存,单击【否】按钮。

退出 AutoCAD 2019 的其他方法如下。

- 菜单栏:选择【文件】|【退出】菜单命令。
- 命令行:输入 EXIT 或 QUIT。

参考资料
鼠标和键盘的
基本操作

1.4.4　AutoCAD 2019 命令使用

1. 命令的调用方式

调用命令的方式有很多种,这些方式之间可能存在难易、繁简的区别。软件使用者可以在不断的练习中找到一种适合自己的、最快捷的绘图方法或技巧。常用的命令调用方式主要有以下几种。

① 菜单栏:使用菜单栏调用命令。例如,选择【绘图】|【直线】菜单命令,可执行直线命令。

② 功能区:单击功能区中的命令按钮来执行命令。例如,单击功能区中的【直线】按钮 ◣,可执行直线命令。

③ 命令行:使用键盘输入调用命令。例如,在命令行中输入 LINE,然后按 Enter 键,可执行直线命令。

④ 右键快捷菜单:右击,在弹出的快捷菜单中选择相应命令或选项即可激活相应功能。

⑤ 快捷键和功能键:使用快捷键和功能键是执行命令最简单快捷的方式,

微课
AutoCAD 2019
命令使用

测验
AutoCAD 2019
命令使用随堂
测验

常用的快捷键和功能键如表1-2所示。

表1-2 常用快捷键和功能键

快捷键或功能键	功能	快捷键或功能键	功能
F1	AutoCAD 帮助	Ctrl+N	新建文件
F2	文本窗口开/关	Ctrl+O	打开文件
F3|Ctrl+F	对象捕捉开/关	Ctrl+S	保存文件
F4	三维对象捕捉开/关	Ctrl+Shift+S	另存文件
F5|Ctrl+E	等轴测平面转换	Ctrl+P	打印文件
F6|Ctrl+D	动态 UCS 开/关	Ctrl+A	全部选择
F7|Ctrl+G	栅格显示开/关	Ctrl+Z	撤销上一步的操作
F8|Ctrl+L	正交开/关	Ctrl+Y	重复撤销的操作
F9|Ctrl+B	栅格捕捉开/关	Ctrl+X	剪切
F10|Ctrl+U	极轴开/关	Ctrl+C	复制
F11|Ctrl+W	对象追踪开/关	Ctrl+V	粘贴
F12	动态输入开/关	Ctrl+J	重复执行上一命令
Delete	删除选中的对象	Ctrl+K	超链接
Ctrl+1	对象特性管理器开/关	Ctrl+T	数字化仪开/关
Ctrl+2	设计中心开/关	Ctrl+Q	退出 CAD

调用命令后,系统并不能自动绘制图形,而是需要用户根据命令行窗口的提示进行操作才能绘制图形。提示有以下几种形式。

① 直接提示:这种提示直接出现在命令行窗口,用户可以根据提示了解该命令的设置模式或直接执行相应的操作完成绘图。

② 中括号内的选项:有时在提示内容中会出现中括号,中括号内的选项称为可选项。想使用该选项,可直接单击该选项或者使用键盘输入相应选项后小括号内的字母,按 Enter 键完成选择。

③ 尖括号内的选项:有时在提示内容中会出现尖括号,尖括号内的选项称为默认选项,直接按 Enter 键即可执行该选项。

2. 命令的重复

AutoCAD 2019 可以重复执行命令。命令的重复指的是执行已经执行过的命令。

在 AutoCAD 2019 中,有以下 5 种方法可用于重复执行命令。

① 在无命令状态下,按 Enter 键或空格键即可重复执行上一次的命令。

② 在无命令状态下,按键盘上的"↑"键或"↓"键,可以上翻或下翻已执行过的命令,翻至命令行中出现所需命令时,按 Enter 键或空格键即可重复执行该命令。

③ 在无命令状态下,在绘图区右击,在弹出的快捷菜单中选择【重复……】命令,即可执行上一次的命令,如图 1-16(a) 所示;若选择【最近的输入】命令,即可重复执行之前的某一命令,如图 1-16(b) 所示。

(a) 选择【重复……】命令　　　　(b) 选择【最近的输入】命令

图 1-16　绘图区右键快捷菜单(无命令状态下)

④ 在命令行上右击,在弹出的快捷菜单中选择【最近使用的命令】,即可重复执行之前的某一命令,如图 1-17 所示。

⑤ 在无命令状态下,单击命令行中的 ![按钮] 按钮,在弹出的快捷菜单中选择最近使用的命令,如图 1-18 所示。

图 1-17　命令行右键快捷菜单

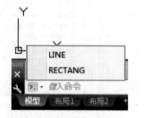

图 1-18　单击命令行中的
按钮重复执行命令

3. 命令的终止

AutoCAD 2019 在执行命令的过程中,有以下方法可用于终止命令。

① 按 Esc 键,即可终止命令。

② 在绘图区右击,系统会弹出如图 1-19 所示的快捷菜单。通过选择其中的【确认】或【取消】命令均可终止命令。选择【确认】命令表示接受当前的操作并终止命令,选择【取消】命令表示取消当前的操作并终止命令。

图 1-19 命令执行过程中的右键快捷菜单

1.4.5 AutoCAD 2019 绘图环境设置

在使用 AutoCAD 2019 绘制图形前,用户需要在软件中对参数选项、绘图单位和绘图界限等进行必要的设置。

1. 参数选项设置

在 AutoCAD 2019 的菜单栏中选择【工具】|【选项】菜单命令,系统会弹出【选项】对话框,如图 1-20 所示。该对话框中包含【文件】、【显示】、【打开和保存】、【打印和发布】、【系统】、【用户系统配置】、【绘图】、【三维建模】、【选择集】、【配置】和【联机】共 11 个选项卡。用户可根据需要对选项卡中的参数选项进行设置。

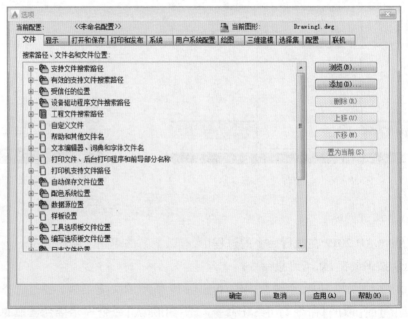

图 1-20 【选项】对话框

微课
绘图单位设置

2. 绘图单位设置

尺寸是衡量物体大小的标准。在 AutoCAD 2019 的菜单栏中选择【格式】|【单位】菜单命令,系统会弹出【图形单位】对话框,如图 1-21 所示。在【图形单位】对话框中可以设置绘图时使用的长度单位、角度单位以及单位的显示格式和精度等参数。

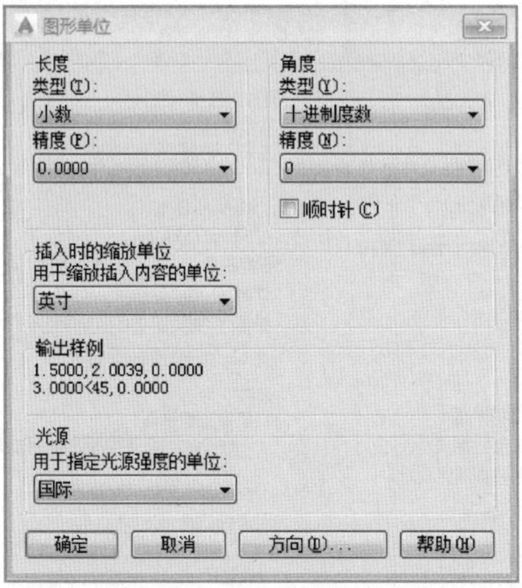

图 1-21 【图形单位】对话框

3. 绘图界限设置

为了使绘制的图形不超过用户工作区域,需要设置绘图界限以表明边界。

例如,设置绘图界限为 A4 图纸范围,在命令行中输入 LIMITS 并按 Enter 键,具体操作如下:

命令:**LIMITS**

重新设置模型空间界限:

指定左下角点或[开(ON)|关(OFF)]<0.0000,0.0000>:0,0

指定右上角点 <12.0000,9.0000>:297,210

1.4.6 AutoCAD 2019 绘图辅助工具

测验
AutoCAD 2019
绘图辅助工具
随堂测验

辅助工具有利于用户使用 AutoCAD 2019 快速绘图,提高工作效率。辅助工具包括捕捉和栅格、正交、对象捕捉和动态输入等。

1. 捕捉和栅格

在绘制图形时,很难通过鼠标指针来精确地指定到某一点的位置。如果使用相关的辅助工具,就可以完成这样的操作。

AutoCAD 2019 的栅格是用于标定位置的网格,能更加直观地显示图形界限的大小。捕捉功能用于设定光标移动的间距。启动状态栏中的栅格模式和捕捉模式,光标将准确捕捉到栅格点。

快捷键:F7(栅格)、F9(捕捉)。

在命令行中输入 DSETTINGS 并按 Enter 键,系统将弹出【草图设置】对话框,如图 1-22 所示。在【草图设置】对话框中可以进行具体参数的设置,如【捕捉间距】、【栅格间距】等。

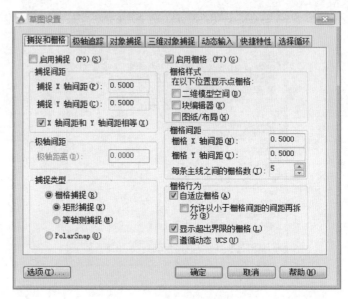

图 1-22 【草图设置】对话框

2. 正交

打开正交模式,只能绘制出与当前 X 轴或 Y 轴平行的线段。由于正交功能已经限制了直线的方向,所以绘制一定长度的直线时,只需输入直线的长度即可。

快捷键:F8(正交)。

3. 对象捕捉

对象捕捉是指将指定的点限制在现有对象的特定位置上,如端点、交点、中点、圆心等,而无须了解这些点的精确坐标。通过对象捕捉可以确保绘图的精确性。

快捷键:F3(对象捕捉)。

AutoCAD 2019 提供了两种对象捕捉模式:临时捕捉和自动捕捉。

(1)临时捕捉

临时捕捉模式是一种一次性的捕捉模式。当用户需要临时捕捉某个特征点时,应首先手动设置需要捕捉的特征点,然后进行对象捕捉,而且这种捕捉设置是一次性的,再下一次遇到相同的对象捕捉点时,还需要再次设置。

当命令行提示输入点的坐标时,如果使用临时捕捉模式,可同时按 Shift 键和鼠标右键,系统会弹出临时捕捉菜单,如图 1-23 所示,在其中可以选择需要的对象捕捉点。

（2）自动捕捉

自动捕捉模式要求使用者先设置好需要的对象捕捉点，当光标移动到这些对象捕捉点附近时，系统会自动捕捉这些点。

预先设置对象捕捉点的方法是：在命令行中输入 DSETTINGS 并按 Enter 键，在【草图设置】对话框中选择【对象捕捉】选项卡，如图 1-24 所示，在该选项卡中可以选择需要设置的对象捕捉点。

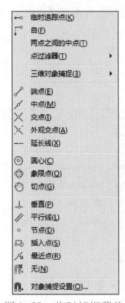

图 1-23　临时捕捉菜单

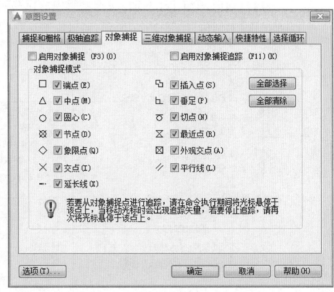

图 1-24　【对象捕捉】选项卡

4. 动态输入

在【草图设置】对话框的【动态输入】选项卡中，可以进行指针输入或标注输入相关参数的设置，从而极大地提高绘图效率，如图 1-25 所示。

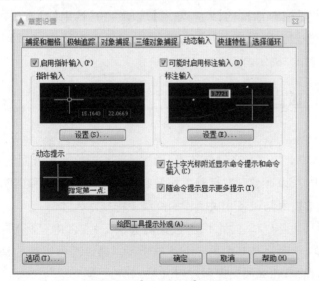

图 1-25　【动态输入】选项卡

（1）启用指针输入

在【草图设置】对话框的【动态输入】选项卡中，选中【启用指针输入】复选框，单击【指针输入】选项组中的【设置】按钮，系统会弹出【指针输入设置】对话框，如图 1-26 所示，可以设置指针的格式和可见性。

（2）启用标注输入

在【草图设置】对话框的【动态输入】选项卡中，选中【可能时启用标注输入】复选框，单击【标注输入】选项组中的【设置】按钮，系统会弹出【标注输入的设置】对话框，如图 1-27 所示，可以设置标注输入的可见性。

参考资料
自动追踪

参考资料
AutoCAD 图形
显示控制

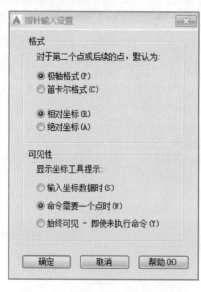

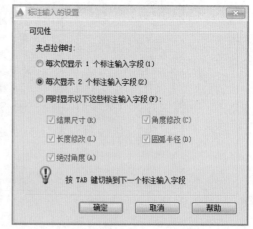

图 1-26　【指针输入设置】对话框　　　图 1-27　【标注输入的设置】对话框

（3）显示动态提示

在【草图设置】对话框的【动态输入】选项卡中，选中【动态提示】选项组中的【在十字光标附近显示命令提示和命令输入】复选框，如图 1-25 所示，可以在光标附近显示命令提示。

测验
通信工程制图
基础随堂测验

1.4.7　通信工程制图基础

1. 通信工程的概念

通信工程专业培养具备通信技术、通信系统和通信网等方面的知识，能在通信领域从事研究、设计、制造、运营工作及在国民经济各部门和国防工业中从事开发、应用通信技术与设备相关工作的高级工程技术人才。

通信工程（也称电信工程，旧称远距离通信工程、弱电工程）是电子工程的一个重要分支，同时也是其中的一个基础学科。通信工程关注的是通信过程中的信息传输与信号处理的原理和应用。

2. 通信工程制图的概念

通信工程制图就是将图形符号、文字符号按不同专业的要求画在一个平面上，使工程施工技术人员通过阅读图纸就能够了解工程规模、工程内容，统计出工程量及编制工程概预算。只有绘制出标准的通信工程图纸，才能对通信工程施工起到正确的指导性意义。

3. 通信工程图纸的概念

通信工程图纸是在仔细勘察施工现场和认真搜集资料的基础上，通过图形符号、文字符号、文字说明及标注来表达具体工程性质的一种图纸。它是通信工程设计的重要组成部分，是指导施工的主要依据。通信工程图纸中包含路由信息、设备配置安放情况、技术数据、主要说明等内容。

4. 通信工程制图设计规范

（1）图幅

图幅是图纸幅面的简称，是指图纸宽度与长度组成的图面。图纸的长边与短边的比例一致，均为 1.414 213 562，也就是 $\sqrt{2}$。换句话说，图纸小一号，面积就小一半，且小图纸的长度等于大一号图纸的宽度，小图纸的宽度等于大一号图纸长度的一半（近似，考虑到舍入）。

在绘制通信工程图纸时，为了使图纸整齐，便于装订和保管，根据图面的大小和比例要求，可以采用不同的图幅。按照国家标准 GB/T 14689—2008《技术制图 图纸幅面和格式》的规定，一般应采用 A0、A1、A2、A3、A4 这 5 种规格，其对应的图纸幅面的尺寸大小如表 1-3 所示。其中，L 为长边尺寸，B 为短边尺寸。当然，特殊情况下，也可以使用加长的图纸幅面。

表 1-3　图纸幅面及图框尺寸　　　　　　　　　　　　　　　　　　　　　　　mm

幅面代号	A0	A1	A2	A3	A4
$L \times B$	1 189×841	841×594	594×420	420×297	297×210
c	10			5	
a	25				

图框由内、外两框组成。外框用细实线绘制，大小为幅面尺寸；内框用粗实线绘制。内、外框周边的间距尺寸与图框格式有关，具体要求如图 1-28 和表 1-3 所示。其中，a 为装订边间距尺寸，c 为非装订边间距尺寸。

（2）图衔

通信工程图纸应有图衔。图衔应位于图面右下角，具体尺寸和内容如图 1-29 所示。

（3）图线

图线线型及用途如表 1-4 所示。

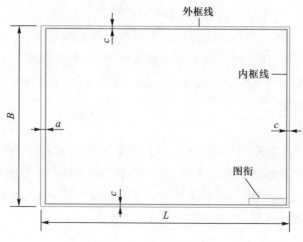

图1-28 标准图框格式

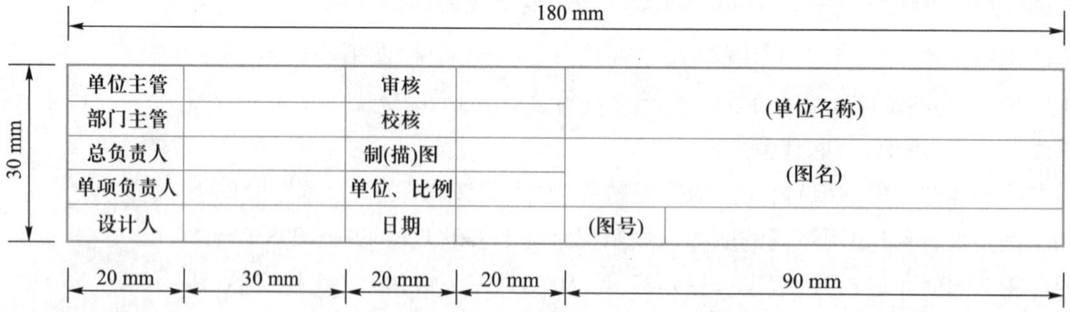

单位主管		审核		(单位名称)		
部门主管		校核				
总负责人		制(描)图		(图名)		
单项负责人		单位、比例				
设计人		日期		(图号)		

180 mm　30 mm　　20 mm　30 mm　20 mm　20 mm　90 mm

图1-29 图衔尺寸和内容

表1-4 图线线型及用途

图线名称	线型	一般用途
实线	——————	基本线条:图纸主要内容用线
虚线	------	辅助线条:屏蔽线,不可见导线
点画线	—·—·—	图框线:分界线,功能图框线
双点画线	—··—··—	辅助图框线:从某一图框中区分不属于它的功能部件

同一图纸中图线宽度的种类不宜过多,通常宜选用两种宽度的图线。粗线的宽度宜为细线宽度的2倍,主要图线采用粗线,次要图线采用细线。对复杂的图纸,也可采用粗、中、细三种线宽,线的宽度按2的倍数依次递增。图线宽度应从以下系列中选用:0.25 mm、0.35 mm、0.5 mm、0.7 mm、1.0 mm、1.4 mm。

（4）比例

对于建筑平面图、平面布置图、管道线路图、设备加固图及零部件加工图等图纸,一般应有比例要求;对于系统框图、电路图、方案示意图等图纸,则无比例要求。

对于平面布置图、线路图和区域规划性质的图纸,推荐的比例为 1:10、1:20、1:50、1:100、1:200、1:500、1:1 000、1:2 000、1:5 000、1:10 000、1:50 000 等。

对于设备加固图及零部件加工图等图纸,推荐的比例为 1:2、1:4 等。

应根据图纸表达的内容深度和选用的图幅选择合适的比例。对于通信线路及管道类的图纸,为了更方便地表达周围的环境情况,可以沿线路方向采用一种比例,而周围环境的横向距离采用另外的比例或基本按示意性绘制。

（5）尺寸标注

图中的尺寸单位,除标高和管线长度以米（m）为单位外,其他尺寸均以毫米（mm）为单位。按此原则标注的尺寸可不加注单位的文字符号。若采用其他单位,应在尺寸数值后加注计量单位的文字符号。

尺寸界线用细实线绘制,两端应画出尺寸箭头,箭头指到尺寸界线上,表示尺寸的起止。尺寸箭头宜用实心箭头,箭头的大小应按可见轮廓线选定,其大小在图中应保持一致。尺寸数值应顺着尺寸线方向写,并符合视图方向,数值的高度方向应和尺寸线垂直,并不得被任何图线通过。当无法避免时,应将图纸断开,在断开处填写数字。

（6）字体及写法

图中书写的文字（包括汉字、字母、数字、代号等）均应字体工整、笔画清晰、排列整齐、间隔均匀。其书写位置应根据图面妥善安排,文字多时宜放在图的下面或右侧。

文字内容从左至右横向书写,标点符号占一个汉字的位置。中文书写时,宜采用国家正式颁布的简化汉字,并推荐使用长仿宋体。

图中的"技术要求""说明"或"注"等字样,应写在具体文字内容的左上方,并使用比文字内容大一号的字体书写。标题下均不画横线。具体内容多于一项时,应按下列顺序号排列:1、2、3、…;（1）、（2）、（3）、…;①、②、③、…。

在图中涉及数量的数字,均应用阿拉伯数字表示。计量单位应使用国家颁布的法定计量单位。

（7）图纸编号

通信图纸的编号一般由工程计划号、设计阶段代号、专业代号、图纸编号 4 部分组成,设计阶段代号和专业代号的编号应符合表 1-5 和表 1-6 的规定。

表1-5 设计阶段代号

设计阶段	代号	设计阶段	代号	设计阶段	代号
可行性研究	Y	初步设计	C	施工图设计 一阶段设计	S
规划设计	G	方案设计	F	技术设计	J
勘察报告	K	咨询	ZX	设计投标书	T
引进工程 询价书	YX	初设阶段的 技术规范书	CJ	修改设计	在原代号 后加X

表1-6 常用专业代号

名称	代号	名称	代号
长途明线线路	CXM	终端机	ZD
长途电缆线路	CXD	载波电话	ZH
长途光缆线路	CXG	电缆载波	LZ
水底电缆	SL	明线载波	MZ
水底光缆	SG	数字终端	SZ
海底电缆	HL	脉码设备	MM
海底光缆	HGL	光缆数字设备	GS
市话电缆线路	SXD	用户光纤网	YGQ
市话光缆线路	SXG	自动控制	ZK
微波载波	WZ	邮政机械	YJX
模拟微波	WBM	邮政电控	YDK
数字载波	WBS	房屋建筑	FJ
移动通信	YD	房屋结构	FG
无线发射设备	WF	房屋给排水	FS
无线接收设备	WS	微波铁塔	WT
短波天线	TX	遥控线	YX
人工长话交换	CHR	卫星地球站	WD
自动长话交换	CHZ	小卫星地球站	XWD
程控长市合一	CCS	程控市话交换	CSJ
长途电缆无人站	CLW	程控长话交换	CCJ

续表

名称	代号	名称	代号
长途台	CT	电源	DY
数据传输通信	SC	计算机软件	RJ
传真通信	CZ	同步网	TBW
自动转报	ZB	信令网	XLW
电报	DB	数字数据网	SSW
报房	BF	油机	YJ
会议电话	HD	弱电系统	RD
数字用户环路载波	SHZ	电气装置	FD
中继线无人增音站	ZW	空调通风	FK
智能大楼	ZNL	暖气	FN
计算机网络	JWL	管道	GD
监控	JK	配电	PD
一点多址通信	DZ		

注:① 总说明附的总图和工艺图纸一律用 YZ,总说明中引用的单项设计的图纸编号不变,土建图纸一律用 FZ。

② 单项工程土建要求在专业代号后加 F,例如,载波室土建要求图为 ZHF,综合性土建要求图为 YZF。

1.5　拓展案例

案例 1　新建一 CAD 文件,要求:背景颜色改为灰色,调整十字光标的大小为 8,保存文件名为"CAD 环境设置",默认保存路径为"D:\通信工程制图"。

案例 2　简述自动捕捉交点、圆心、象限点的设置过程。

案例 3　×××学院通信基站光缆接入线路工程路由图如图 1-30 所示,简述图纸中主要包含哪些基本图形要素。

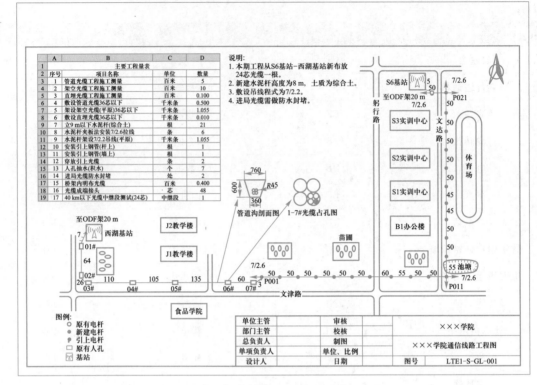

图1-30 ×××学院通信基站光缆接入线路工程路由图

任务2
标准A4图幅绘制

知识目标

● 掌握直线命令的操作方法
● 掌握文字命令的操作方法

能力目标

● 完成标准A4图幅的绘制
● 完成标准A3图幅的绘制
● 完成机房外形图的绘制

教学指南
任务2教学设计

学习指南
任务2任务单

PPT
任务2教学课件

竞赛
任务2知识抢答

2.1 任务描述

为了进行×××学院通信基站光缆接入线路工程的设计,小王首先需要根据 YD/T 5015—2015《通信工程制图与图形符号规定》绘制标准 A4 图幅幅面,如 图 2-1 所示,并将其保存在计算机桌面上以"学号+姓名"命名的文件夹中,文件 名的命名规则为:学号+姓名+"任务 2 标准 A4 图幅绘制"。

素材
标准 A4 图幅

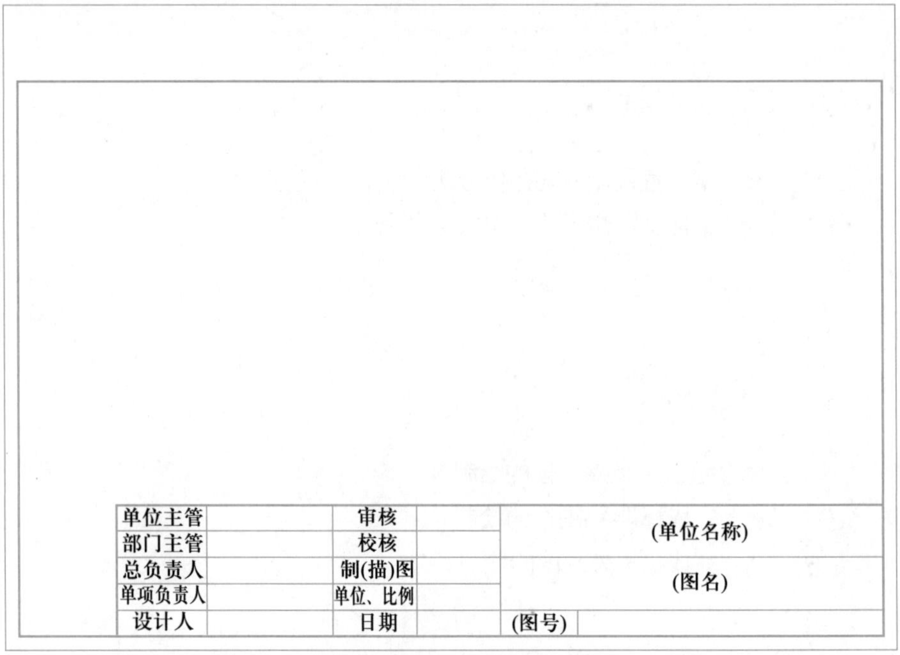

单位主管	审核		(单位名称)
部门主管	校核		
总负责人	制(描)图		(图名)
单项负责人	单位、比例		
设计人	日期	(图号)	

图 2-1 标准 A4 图幅幅面

2.2 任务分析

微课
标准 A4 图幅
绘制

由图 2-1 可以看出,标准 A4 图幅由图幅外框、图幅内框和图衔三部分组 成。其中,图幅外框和内框主要由直线组成;图衔由直线和文字组成。在实际绘 制过程中,可先绘制图幅外框,然后绘制图幅内框,再绘制图衔,最后添加文字。 因此,在具体实现过程中,首先利用直线命令绘制图幅外框,然后利用直线命令 绘制图幅内框,再利用直线命令绘制图衔,最后利用多行文本命令添加文字。

2.3 任务实施

测验
标准 A4 图幅
绘制随堂测验

在任务分析的基础上,利用直线命令和文本命令绘制标准 A4 图幅,具体步 骤如表 2-1 所示。

表 2-1　标准 A4 图幅绘制步骤

操作步骤	操作过程	操作说明
步骤1 绘制图幅外框	命令:LINE↙ 指定第一个点:100,100 ↙ 指定下一点或[放弃(U)]:397,100 ↙ 指定下一点或[放弃(U)]:397,310 ↙ 指定下一点或[闭合(C)/放弃(U)]:100,310 ↙ 指定下一点或[闭合(C)/放弃(U)]:c ↙	调用直线命令 输入 A 点坐标值 输入 B 点绝对坐标值,绘制 AB 线段 输入 C 点绝对坐标值,绘制 BC 线段 输入 D 点绝对坐标值,绘制 CD 线段 选择"闭合"功能,连接 DA
步骤2 绘制图幅内框	命令:LWEIGHT ↙ 1.选择0.5 mm线宽　2.选中【显示线宽】复选框　3.单击【确定】按钮 命令:LINE ↙ 指定第一个点:105,105 ↙ 指定下一点或[放弃(U)]:@ 287,0 ↙ 指定下一点或[放弃(U)]:@ 0,180 ↙ 指定下一点或[闭合(C)/放弃(U)]: @ −287,0 ↙ 指定下一点或[闭合(C)/放弃(U)]:c	调用线宽命令,打开【线宽设置】对话框 调用直线命令 输入 E 点坐标值 输入 F 点相对坐标值,绘制 EF 线段 输入 G 点相对坐标值,绘制 FG 线段 输入 H 点相对坐标值,绘制 GH 线段 选择"闭合"功能,连接 HE
步骤3 绘制图衔	↙ 指定第一个点:212,105 指定下一点或[放弃(U)]:<正交 开> 指定下一点或[放弃(U)]:<正交 开> 30 指定下一点或[放弃(U)]:180 指定下一点或[放弃(U)]:↙	按 Enter 键,重复直线命令 输入 I 点坐标值 打开"正交"功能 输入 IJ 线段长度 输入 JK 线段长度 结束直线命令

续表

操作步骤	操作过程	操作说明
	命令:LWEIGHT ↙	调用线宽命令,打开【线宽设置】对话框
	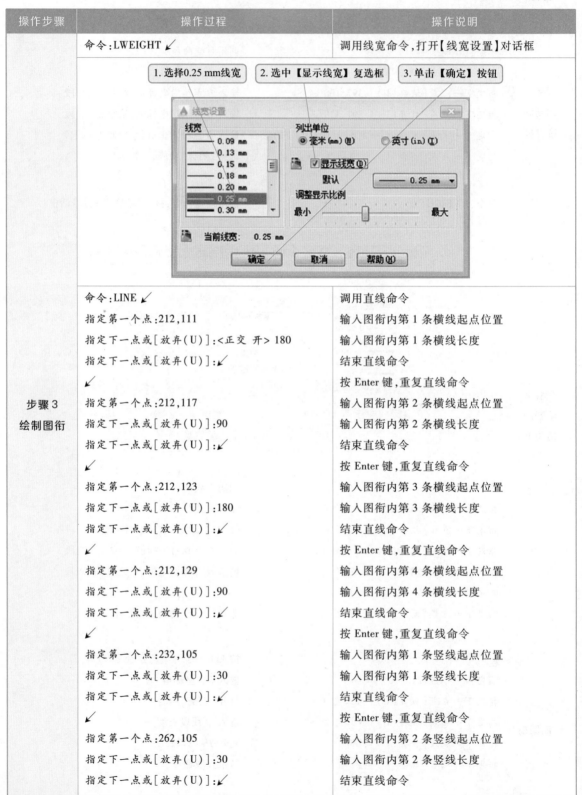	
步骤3 绘制图衔	命令:LINE ↙	调用直线命令
	指定第一个点:212,111	输入图衔内第1条横线起点位置
	指定下一点或[放弃(U)]:<正交 开> 180	输入图衔内第1条横线长度
	指定下一点或[放弃(U)]:↙	结束直线命令
	↙	按 Enter 键,重复直线命令
	指定第一个点:212,117	输入图衔内第2条横线起点位置
	指定下一点或[放弃(U)]:90	输入图衔内第2条横线长度
	指定下一点或[放弃(U)]:↙	结束直线命令
	↙	按 Enter 键,重复直线命令
	指定第一个点:212,123	输入图衔内第3条横线起点位置
	指定下一点或[放弃(U)]:180	输入图衔内第3条横线长度
	指定下一点或[放弃(U)]:↙	结束直线命令
	↙	按 Enter 键,重复直线命令
	指定第一个点:212,129	输入图衔内第4条横线起点位置
	指定下一点或[放弃(U)]:90	输入图衔内第4条横线长度
	指定下一点或[放弃(U)]:↙	结束直线命令
	↙	按 Enter 键,重复直线命令
	指定第一个点:232,105	输入图衔内第1条竖线起点位置
	指定下一点或[放弃(U)]:30	输入图衔内第1条竖线长度
	指定下一点或[放弃(U)]:↙	结束直线命令
	↙	按 Enter 键,重复直线命令
	指定第一个点:262,105	输入图衔内第2条竖线起点位置
	指定下一点或[放弃(U)]:30	输入图衔内第2条竖线长度
	指定下一点或[放弃(U)]:↙	结束直线命令

操作步骤	操作过程	操作说明
步骤3 **绘制图衔**	↙	按 Enter 键,重复直线命令
	指定第一个点:282,105	输入图衔内第3条竖线起点位置
	指定下一点或[放弃(U)]:30	输入图衔内第3条竖线长度
	指定下一点或[放弃(U)]:↙	结束直线命令
	↙	按 Enter 键,重复直线命令
	指定第一个点:302,105	输入图衔内第4条竖线起点位置
	指定下一点或[放弃(U)]:30	输入图衔内第4条竖线长度
	指定下一点或[放弃(U)]:↙	结束直线命令
	↙	按 Enter 键,重复直线命令
	指定第一个点:322,105	输入图衔内第5条竖线起点位置
	指定下一点或[放弃(U)]:6	输入图衔内第5条竖线长度
	指定下一点或[放弃(U)]:↙	结束直线命令
步骤4 **添加文字**	命令:STYLE ↙	输入文字样式命令,打开【文字样式】对话框
	命令:_mtext ↙	调用多行文本命令
	指定第一角点:	自动捕捉 J 点
	指定对角点或[高度(H)/对正(J)/行距(L)/旋转(R)/样式(S)/宽度(W)/栏(C)]:j ↙	输入j,选择文本对齐方式
	输入对正方式[左上(TL)/中上(TC)/右上(TR)/左中(ML)/正中(MC)/右中(MR)/左下(BL)/中下(BC)/右下(BR)]<左上(TL)>:mc ↙	输入 mc,选择"正中"对齐方式
	指定对角点或[高度(H)/对正(J)/行距(L)/旋转(R)/样式(S)/宽度(W)/栏(C)]:	自动捕捉 J 点对角点
	输入文本内容	输入"单位主管"文本内容
	双击空白处,完成文字输入	双击空白处,完成文字输入
	重复以上命令,完成其他文本输入	

以上各步骤的绘制效果如图2-2所示。

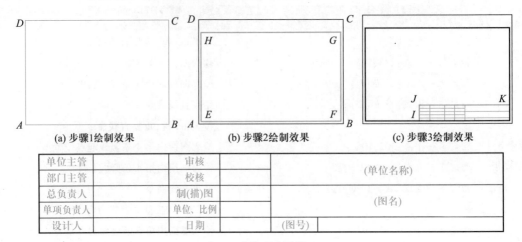

(a) 步骤1绘制效果   (b) 步骤2绘制效果   (c) 步骤3绘制效果

单位主管		审核			
部门主管		校核		(单位名称)	
总负责人		制(描)图			
单项负责人		单位、比例		(图名)	
设计人		日期		(图号)	

(d) 步骤4绘制效果

图2-2 标准A4图幅各步骤绘制效果

2.4 知识解读

2.4.1 直线命令

1. 应用范围

直线命令用于绘制指定长度的一条直线段或若干连续的直线段,但绘制成的连续直线段中的每条直线段实际上是一个单独的对象。

2. 调用方法

- 菜单栏:选择【绘图】|【直线】菜单命令。
- 面板:单击【绘图】面板中的【直线】按钮 。
- 命令行:输入 LINE(L)。

3. 操作步骤

以绘制长方形为例,直线命令的操作过程如图2-3所示。

2.4.2 文字命令

1. 应用范围

文字命令用于对图形中不便于表达的内容加以说明,使图形更清晰、更完整。文字包括字体、字高、显示效果等参数,需要在输入前设置好,以便后期文字的输入。在 AutoCAD 2019 中,可以通过【文字样式】对话框进行各种参数的设置,以满足不同场合的文字输入需要。

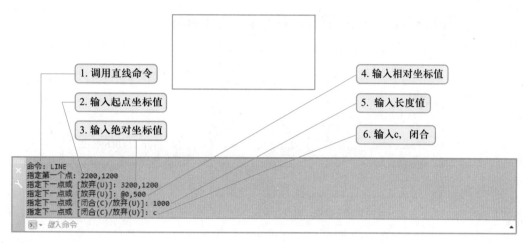

图 2-3　长方形绘制过程

2. 调用方法

（1）文字样式

- 菜单栏：选择【格式】|【文字样式】菜单命令。
- 面板：单击【注释】面板中的【文字样式】按钮 。
- 命令行：输入 STYLE（ST）。

（2）文字输入

- 菜单栏：选择【绘图】|【文字】菜单命令。
- 面板：单击【注释】面板中的【单行文字】按钮 或【多行文字】按钮 。
- 命令行：输入 TEXT 或 MTEXT（MT）。

微课
文字样式命令

3. 操作步骤

（1）设置文字样式

下面以创建"xianlu"文字样式为例，详细讲解文字样式的设置方法。首先调用文字样式命令，然后在弹出的【文字样式】对话框中进行相关选项的设置，如图 2-4 所示。

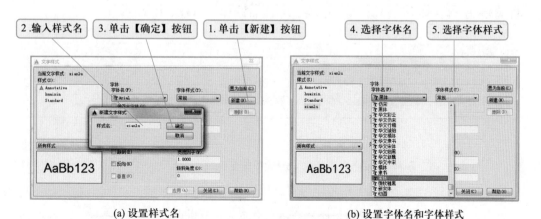

(a) 设置样式名　　　　　　　　　(b) 设置字体名和字体样式

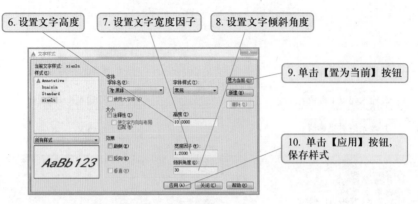

(c) 设置文字高度、宽度、角度

图 2-4 设置文字样式操作步骤

微课

单行文本命令

（2）输入单行文本

输入单行文本的操作步骤如图 2-5 所示。

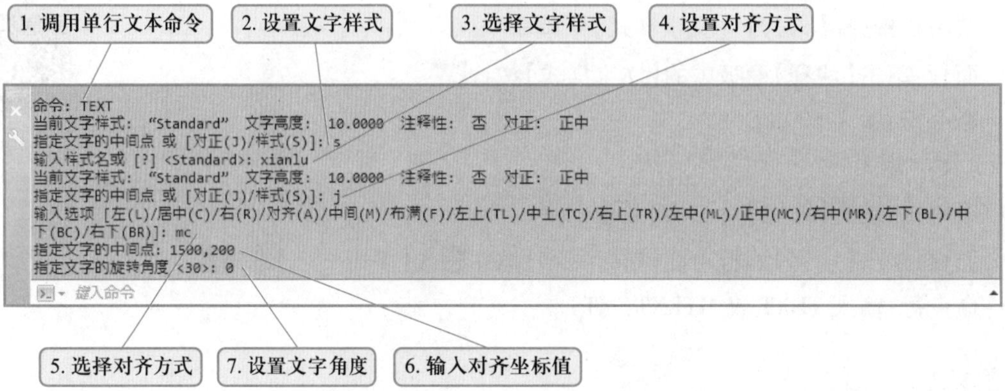

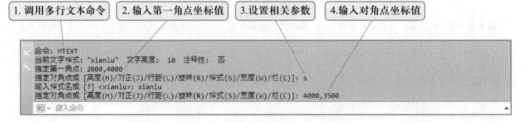

图 2-5 输入单行文本操作步骤

（3）输入多行文本

输入多行文本的操作步骤如图 2-6 所示。

图 2-6 输入多行文本操作步骤

多行文本命令各相关参数的含义如下。

• 高度（H）：可以设置当前字体的高度。

• 对正（J）：可以设置文字在多行文本框中的对齐方式。

- 行距(L):可以设置多行文字的行间距。
- 旋转(R):可以设置多行文字的旋转角度。
- 样式(S):可以改变当前的文字样式。
- 宽度(W):可以改变文字的宽度。
- 栏(C):可以对多行文字进行分栏设置。

2.5　拓展案例

微课
多行文本命令

案例 1　已知四边形的长度和宽度尺寸,如图 2-7 所示,试利用相对直角坐标绘制方法,实现该四边形的绘制。

微课
四 边 形 绘 制
(相对直角坐标法)

案例 2　已知四边形的长度和宽度尺寸,如图 2-7 所示,试利用相对极坐标绘制方法,实现该四边形的绘制。

@ 素材
四边形

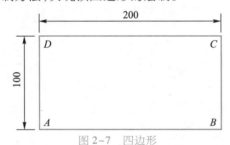

图 2-7　四边形

微课
四 边 形 绘 制
(相对极坐标法)

案例 3　根据 YD/T 5015—2015《通信工程制图与图形符号规定》的要求,利用直线和文字命令完成标准 A3 图幅的绘制,如图 2-8 所示。

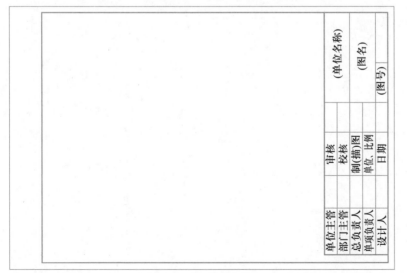

图 2-8　标准 A3 图幅

微课
标 准 A3 图 幅
绘制

@ 素材
标准 A3 图幅

微课

机房外形图
绘制

素材

机房外形图

案例 4 利用直线命令完成机房外形图的绘制,如图 2-9 所示。

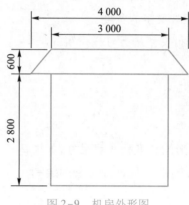

图 2-9 机房外形图

任务3
指北针绘制

知识目标

- 掌握镜像命令的操作方法
- 掌握点命令的操作方法
- 掌握圆命令的操作方法
- 掌握填充命令的操作方法

教学指南
任务3教学设计

学习指南
任务3任务单

PPT
任务3教学课件

竞赛
任务3知识抢答

能力目标

- 完成指北针的绘制
- 完成桩位布置图的绘制
- 完成人井剖面图的绘制
- 完成光缆占位孔的绘制（可选）

3.1 任务描述

小王在绘制×××学院通信基站光缆接入线路工程图时，需要告知后期施工人员光缆路由的走向。而指北针是图纸中表示方向的最佳方法，为此需要在线路图绘制过程中添加指北针，放置在每张图纸的右上方。本任务要求小王绘制如图 3-1 所示的指北针，并将其保存在计算机桌面上以“学号+姓名”命名的文件夹中，文件名的命名规则为：学号+姓名+“任务 3 指北针绘制”。

素材
指北针

图 3-1 指北针

3.2 任务分析

由图 3-1 可以看出，指北针由三角形、圆和阴影组成。三角形部分由左右对称的两个三角形组成，右侧三角形需要进行图案填充，同时圆的圆心位置处于两个三角形交线下端。因此，在具体实现过程中首先利用直线命令绘制左侧三角形，然后利用镜像命令绘制右侧三角形，再利用圆命令绘制圆，最后利用填充命令对右侧三角形进行填充。

微课
指北针绘制

3.3 任务实施

测验
指北针绘制随堂测验

在任务分析的基础上，利用直线命令、镜像命令、圆命令、填充命令绘制指北针，具体步骤如表 3-1 所示。

表 3-1 指北针绘制步骤

操作步骤	操作过程	操作说明
步骤 1 绘制左侧三角形	命令：LINE ↙ 指定第一个点：↙ 指定下一点或［放弃(U)］：@0，-100 ↙ 指定下一点或［放弃(U)］：80 ↙ 指定下一点或［闭合(C)/放弃(U)］：c ↙	调用直线命令 输入第 1 点坐标值 输入第 2 点相对坐标值(@0，-100)，绘制直线 L1 选定旋转角度 120°，输入 L2 长度值 80 选择“闭合”功能，绘制直线 L3
步骤 2 绘制右侧三角形	命令：_mirror ↙ 选择对象：找到 1 个 ↙ 选择对象：找到 1 个，总计 2 个 ↙ 选择对象：找到 1 个，总计 3 个 ↙ 选择对象：指定镜像线的第一点：指定镜像线的第二点：↙ 要删除源对象吗？［是(Y)/否(N)］<N>：↙	调用镜像命令 单击 L1，选择镜像对象 L1 单击 L2，选择镜像对象 L2 单击 L3，选择镜像对象 L3 指定镜像线的第 1 点(L1 的上端点)和第 2 点(L1 的下端点) 默认情况下不删除源对象(左侧三角形)

续表

操作步骤	操作过程	操作说明
步骤3 绘制等分点	命令:_ ptype ↙ 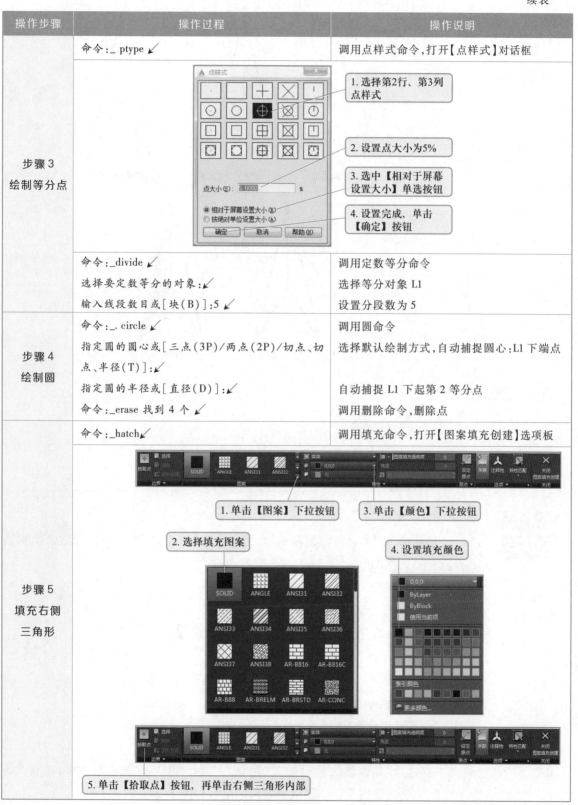	调用点样式命令,打开【点样式】对话框 1.选择第2行、第3列点样式 2.设置点大小为5% 3.选中【相对于屏幕设置大小】单选按钮 4.设置完成,单击【确定】按钮
	命令:_divide ↙ 选择要定数等分的对象:↙ 输入线段数目或[块(B)]:5 ↙	调用定数等分命令 选择等分对象 L1 设置分段数为 5
步骤4 绘制圆	命令:_. circle ↙ 指定圆的圆心或[三点(3P)/两点(2P)/切点、切点、半径(T)]:↙ 指定圆的半径或[直径(D)]:↙ 命令:_erase 找到 4 个 ↙	调用圆命令 选择默认绘制方式,自动捕捉圆心:L1 下端点 自动捕捉 L1 下起第 2 等分点 调用删除命令,删除点
步骤5 填充右侧 三角形	命令:_hatch↙ 1.单击【图案】下拉按钮　3.单击【颜色】下拉按钮 2.选择填充图案　4.设置填充颜色 5.单击【拾取点】按钮,再单击右侧三角形内部	调用填充命令,打开【图案填充创建】选项板

以上各步骤的绘制效果如图3-2所示。

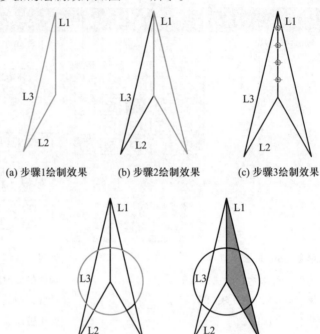

(a) 步骤1绘制效果　　(b) 步骤2绘制效果　　(c) 步骤3绘制效果

(d) 步骤4绘制效果　　(e) 步骤5绘制效果

图3-2　指北针各步骤绘制效果

3.4　知识解读

微课
镜像命令

测验
镜像命令随堂
测验

3.4.1　镜像命令

1. 应用范围

镜像命令又称为对称复制命令,可创建对象的轴对称映像,比较适合绘制具有对称特征的图形。

2. 调用方法

- 菜单栏:选择【修改】|【镜像】菜单命令。
- 面板:单击【修改】面板中的【镜像】按钮△。
- 命令行:输入 MIRROR(MI)。

3. 操作步骤

① 调用镜像命令。

② 选择镜像对象。

③ 定义镜像轴线。

④ 选择"是否删除源对象"。默认为"否(N)",不删除源对象;选择"是(Y)",则删除源对象。两种镜像效果的比较如图3-3所示。

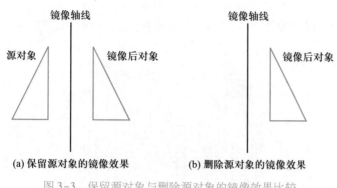

(a) 保留源对象的镜像效果　　　(b) 删除源对象的镜像效果

图 3-3　保留源对象与删除源对象的镜像效果比较

3.4.2　点命令

1. 应用范围

在通信工程制图中,点主要用于定位,如标注孔、轴中心的位置等。另外,还有一类点可以用于等分图形对象。为了能在图纸上准确地表示点的位置,通常用特定的符号来表示点,在 AutoCAD 2019 中通过点样式来设置点的形状。一般情况下,应先设置好点样式,然后再用该样式画点。

2. 调用方法

(1) 点样式

● 菜单栏:选择【格式】|【点样式】菜单命令。

● 面板:单击【实用工具】面板中的【点样式】按钮。

● 命令行:输入 DDPTYPE。

(2) 单点

● 菜单栏:选择【绘图】|【点】|【单点】菜单命令。

● 命令行:输入 POINT(PO)。

(3) 多点

● 菜单栏:选择【绘图】|【点】|【多点】菜单命令。

● 面板:单击【绘图】面板中的【多点】按钮。

(4) 定数等分

● 菜单栏:选择【绘图】|【点】|【定数等分】菜单命令。

● 面板:单击【绘图】面板中的【定数等分】按钮。

(5) 定距等分

● 菜单栏:选择【绘图】|【点】|【定距等分】菜单命令。

● 面板:单击【绘图】面板中的【定距等分】按钮。

3. 操作步骤

(1) 设置点样式

① 调用点样式设置命令,系统弹出【点样式】对话框,如图 3-4 所示。

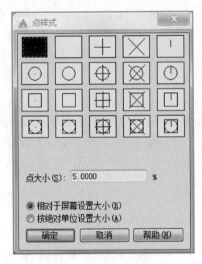

图 3-4 【点样式】对话框

② 设置点样式参数,如图 3-5 所示。

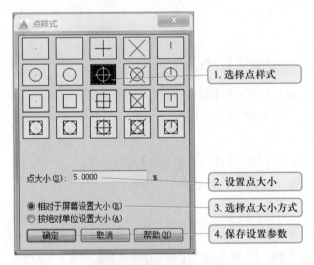

图 3-5 设置点样式参数

(2)绘制单点

① 输入 LINE 命令,绘制任一直线。

② 输入 POINT 命令。

③ 单击输入点位置,效果如图 3-6 所示。

素材
单点命令

图 3-6 单点绘制效果

（3）绘制多点

① 输入 LINE 命令,绘制任一直线。

② 单击【绘图】面板中的【多点】按钮███。

③ 单击输入点位置,效果如图 3-7 所示。

图 3-7 多点绘制效果

素材
多点命令

（4）绘制定数等分点

① 输入 LINE 命令,绘制任一直线。

② 单击【绘图】面板中的【定数等分】按钮███。

③ 选择等分对象(直线)。

④ 输入等分数值 6,效果如图 3-8 所示。

图 3-8 定数等分点绘制效果

微课
定数等分命令

（5）绘制定距等分点

① 输入 LINE 命令,绘制任一直线。

② 单击【绘图】面板中的【定距等分】按钮███。

③ 选择等分对象(直线)。

④ 输入等距数值 100,效果如图 3-9 所示。

图 3-9 定距等分点绘制效果

微课
定距等分命令

3.4.3 圆命令

微课
圆命令

1. 应用范围

圆是常用的基本图形,可用来绘制通信工程中的电杆、光缆占孔图、指北针等图形。

2. 调用方法

● 菜单栏:选择【绘图】|【圆】子菜单中的相关菜单命令,如图 3-10 所示。

● 面板:单击【绘图】面板中的圆绘制相关按钮,如图 3-11 所示。

● 命令行:输入 CIRCLE(C)。

测验
圆命令随堂测验

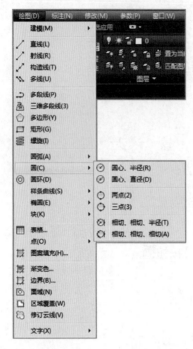

图 3-10 【圆】子菜单　　　　图 3-11 圆绘制相关按钮

3. 操作步骤

① 调用圆命令。

② 选择圆绘制方式。

AutoCAD 2019 中提供了 6 种绘制圆的方法,以满足不同条件下绘制圆的要求,如图 3-12 所示。

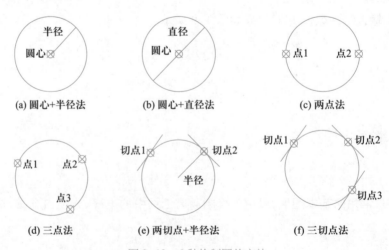

图 3-12 6 种绘制圆的方法

③ 设置相关参数,绘制圆。

根据不同的参数值,采用不同的绘制方法,绘制步骤及效果如图 3-13 所示。

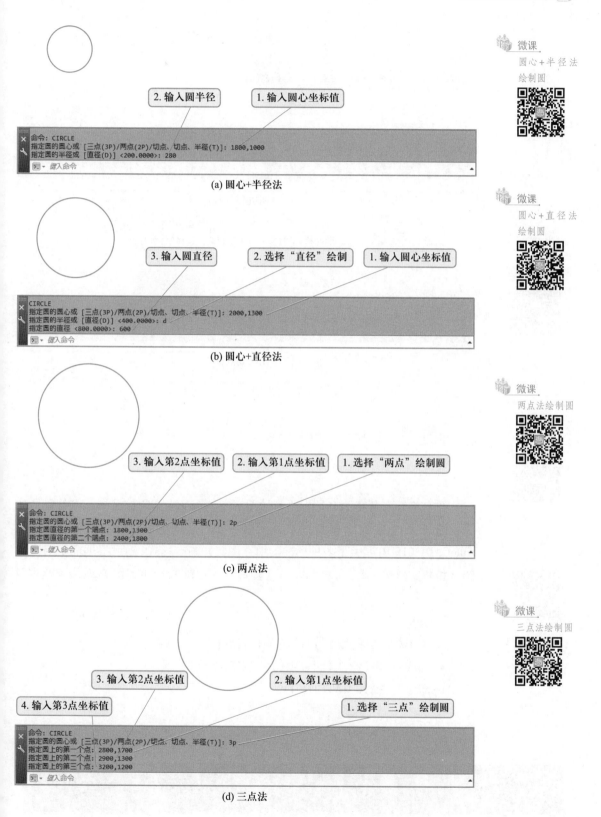

2. 输入圆半径　　1. 输入圆心坐标值

命令: CIRCLE
指定圆的圆心或 [三点(3P)/两点(2P)/切点、切点、半径(T)]: 1800,1000
指定圆的半径或 [直径(D)] <200.0000>: 280
键入命令

(a) 圆心+半径法

3. 输入圆直径　　2. 选择"直径"绘制　　1. 输入圆心坐标值

CIRCLE
指定圆的圆心或 [三点(3P)/两点(2P)/切点、切点、半径(T)]: 2000,1300
指定圆的半径或 [直径(D)] <400.0000>: d
指定圆的直径 <800.0000>: 600
键入命令

(b) 圆心+直径法

3. 输入第2点坐标值　　2. 输入第1点坐标值　　1. 选择"两点"绘制圆

命令: CIRCLE [三点(3P)/两点(2P)/切点、切点、半径(T)]: 2p
指定圆直径的第一个端点: 1800,1300
指定圆直径的第二个端点: 2400,1800
键入命令

(c) 两点法

3. 输入第2点坐标值　　2. 输入第1点坐标值

4. 输入第3点坐标值　　1. 选择"三点"绘制圆

命令: CIRCLE [三点(3P)/两点(2P)/切点、切点、半径(T)]: 3p
指定圆上的第一个点: 2800,1700
指定圆上的第二个点: 2900,1300
指定圆上的第三个点: 3200,1200
键入命令

(d) 三点法

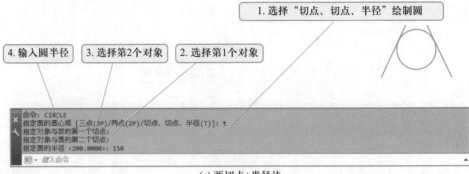

(e) 两切点+半径法

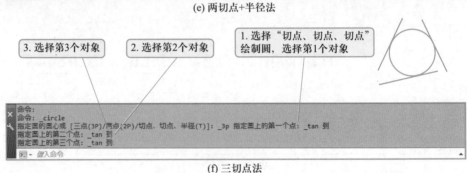

(f) 三切点法

图3-13 不同参数、不同方法的圆绘制步骤及效果

3.4.4 图案填充和渐变填充命令

1. 应用范围

图案填充与渐变填充是指用某种图案充满图形中指定的区域。在绘制通信工程详图时，需要绘制剖面图来表示出剖切对象的材质（如碎石或混凝土）。AutoCAD 2019 中提供了多种标准的填充图案和渐变样式，还可根据需要自定义图案和渐变样式。此外，也可以通过填充工具控制图案的疏密、剖面线条及倾斜角度。

2. 调用方法

- 菜单栏：选择【绘图】|【图案填充】或【渐变式】菜单命令。
- 面板：单击【绘图】面板中的【图案填充】按钮 。
- 命令行：输入 HATCH（H）。

3. 操作步骤

按上述方法调用命令后，系统弹出【图案填充创建】选项板，如图3-14所示。

图3-14 【图案填充创建】选项板

（1）边界选择

在【边界】面板中，【拾取点】按钮和【选择】按钮可用于选择边界。"拾取点"方式可以根据围绕指定点构成的封闭区域的现有对象来确定边界，"选择"方式可以根据构成封闭区域的选定对象来确定边界。下面通过具体案例详细讲解两种方式的区别。已知图 3-15（a）所示图形由小圆 A 和大圆 B 相交而成，被分成 1、2、3 三个封闭区域。单击【拾取点】按钮，选择区域 1 进行填充，效果如图 3-15（b）所示。单击【选择】按钮，选择大圆 B 进行填充，效果如图 3-15（c）所示。

素材
填充命令

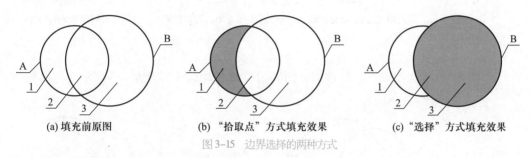

(a) 填充前原图　　　　　　　(b) "拾取点"方式填充效果　　　　　(c) "选择"方式填充效果

图 3-15　边界选择的两种方式

（2）设置图案填充样式

在【图案】面板中，可以选择填充图案的样式。【图案】下拉列表框用于设置填充的图案。单击【图案】下拉列表框右边的下拉按钮，将展开如图 3-16 所示的【图案】下拉列表。在该列表中可以选择需要的填充图案的样式，包括：用于单色填充的 SOLID 样式，其效果如图 3-17 所示；用于剖面线填充的 ANSI31 样式，其效果如图 3-18 所示。

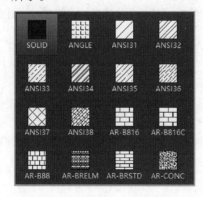

图 3-16　【图案】下拉列表

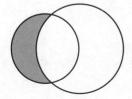
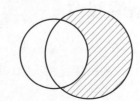

图 3-17　SOLID 样式填充效果　　　　图 3-18　ANSI31 样式填充效果

（3）设置图案填充属性

在【特性】面板中，可以设置填充图案的透明度、角度、比例等属性。

① 透明度设置：在【图案填充透明度】文本框中输入透明度的值，不同透明度的填充效果如图3-19所示。

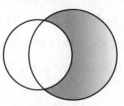 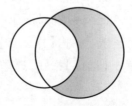 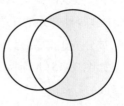

(a) 透明度为0的填充效果　　　(b) 透明度为50的填充效果　　　(c) 透明度为90的填充效果

图3-19　不同透明度的填充效果

② 角度设置：直接在【角度】文本框中输入角度值，不同角度的填充效果如图3-20所示。

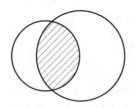 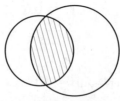 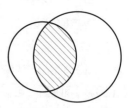

(a) 角度为0的填充效果　　　(b) 角度为60的填充效果　　　(c) 角度为90的填充效果

图3-20　不同角度的填充效果

③ 比例设置：在![]右侧的微调框中输入比例值，不同比例的填充效果如图3-21所示。比例值越大，图案越稀疏；比例值越小，图案越稠密。

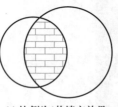 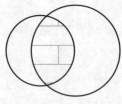 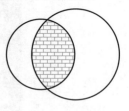

(a) 比例为1的填充效果　　　(b) 比例为3的填充效果　　　(c) 比例为0.2的填充效果

图3-21　不同比例的填充效果

3.5　拓展案例

案例1　利用直线、点、圆、镜像命令完成桩位布置图的绘制，如图3-22所示。

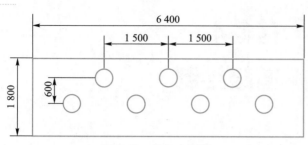

图 3-22　桩位布置图

案例2　利用直线、镜像、填充命令完成 60×60 人井剖面图的绘制,如
图 3-23 所示。

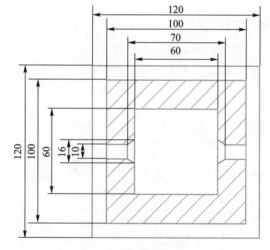

图 3-23　60×60 人井剖面图

***案例3**　利用直线、圆、镜像、填充命令完成光缆占位孔的绘制,如
图 3-24 所示。

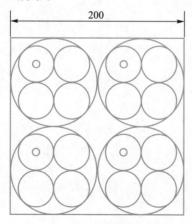

图 3-24　光缆占位孔

任务4

道路绘制

 教学指南
任务4教学设计

 学习指南
任务4任务单

 PPT
任务4教学课件

竞赛
任务4知识抢答

 ## 知识目标

● 掌握偏移命令的操作方法
● 掌握修剪命令的操作方法
● 掌握圆角命令的操作方法

 ## 能力目标

● 具备任务分析能力
● 完成道路的绘制
● 完成走线架示意图的绘制
● 完成标题栏的绘制
● 完成直通人孔断面图的绘制（可选）

4.1 **任务描述**

　　小王在进行×××学院通信基站光缆接入线路工程的设计时,进行了路由的勘察,以确定光缆路由的走向,即光缆沿途经过哪些道路,为此小王需要绘制出道路示意图。本任务要求小王根据现场勘察情况绘制如图4-1所示的道路,并将其保存在计算机桌面上以"学号+姓名"命名的文件夹中,文件名的命名规则为:学号+姓名+"任务4 道路绘制"。

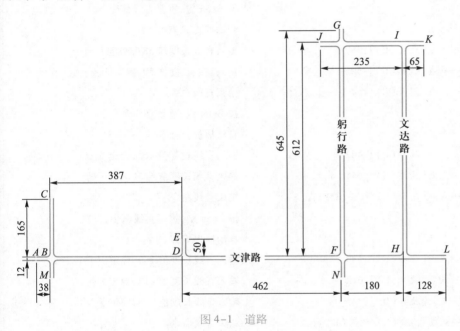

図 4-1　道路

素材
道路

4.2 **任务分析**

　　由图4-1可知,该道路由路两边的直线和交叉路口的圆弧组成,所以在绘制时先绘制道路的一边,再绘制道路的另一边,然后进行修剪。道路两边的绘制都由直线命令来完成,再对道路的交叉部位进行修剪,即用修剪命令剪去多余的地方,然后利用圆角命令修改道路的交叉部位,最后输入相关文字即可。

微课
道路绘制

4.3 **任务实施**

　　在任务分析的基础上,利用直线命令、修剪命令、圆角命令绘制道路,具体步骤如表4-1所示。

测验
道路绘制随堂
测验

表 4-1　道路绘制步骤

操作步骤	操作过程	操作说明
	命令:_line ↙	调用直线命令
	指定第一个点:	指定任意一点 A
	指定下一点或[放弃(U)]:<正交 开>38 ↙	打开"正交"功能后输入直线长度值38,确定 B 点
	指定下一点或[放弃(U)]:165 ↙	输入直线长度值165,确定 C 点
	指定下一点或[放弃(U)]:↙	结束直线命令
	↙	按 Enter 键,重复直线命令
	指定第一个点:	自动捕捉 B 点
	指定下一点或[放弃(U)]:387	输入直线长度值387,确定 D 点
	指定下一点或[放弃(U)]:50	输入直线长度值50,确定 E 点
	指定下一点或[闭合(C)/放弃(U)]:↙	结束直线命令
	↙	按 Enter 键,重复直线命令
	指定第一个点:	自动捕捉 D 点
	指定下一点或[放弃(U)]:462	输入直线长度值462,确定 F 点
	指定下一点或[放弃(U)]:645	输入直线长度值645,确定 G 点
	指定下一点或[闭合(C)/放弃(U)]:↙	结束直线命令
步骤1	↙	按 Enter 键,重复直线命令
绘制道路	指定第一个点:	自动捕捉 F 点
的一边	指定下一点或[放弃(U)]:180	输入直线长度值180,确定 H 点
	指定下一点或[放弃(U)]:612	输入直线长度值612,确定 I 点
	指定下一点或[放弃(U)]:235	输入直线长度值235,确定 J 点
	指定下一点或[闭合(C)/放弃(U)]:↙	结束直线命令
	↙	按 Enter 键,重复直线命令
	指定第一个点:	自动捕捉 I 点
	指定下一点或[放弃(U)]:65 ↙	输入直线长度值65,确定 K 点
	指定下一点或[放弃(U)]:↙	结束直线命令
	↙	按 Enter 键,重复直线命令
	指定第一个点:	自动捕捉 H 点
	指定下一点或[放弃(U)]:128	输入直线长度值128,确定 L 点
	指定下一点或[闭合(C)/放弃(U)]:↙	结束直线命令
	↙	按 Enter 键,重复直线命令
	指定第一个点:	自动捕捉 B 点
	指定下一点或[放弃(U)]:62	输入直线长度值62,确定 M 点
	指定下一点或[闭合(C)/放弃(U)]:↙	结束直线命令
	↙	按 Enter 键,重复直线命令
	指定第一个点:	自动捕捉 F 点

续表

操作步骤	操作过程	操作说明
步骤1 绘制道路 的一边	指定下一点或[放弃(U)]:62 指定下一点或[闭合(C)/放弃(U)]:↙	输入直线长度值62,确定 N 点 结束直线命令
步骤2 绘制道路的 另一边	命令:_offset 当前设置:删除源=否 图层=源 OFFSETGAP- TYPE=0 指定偏移距离或[通过(T)/删除(E)/图层(L)] <通过>:12 ↙ 选择要偏移的对象,或[退出(E)/放弃(U)]<退 出>: 指定要偏移的那一侧上的点,或[退出(E)/多个 (M)/放弃(U)]<退出>: 依次选择直线 BM、DE、FG、FN、HI、AB、BD、DF、 FH、HL、IJ、IK,分别指定偏移方向,完成道路另一 边的绘制	调用偏移命令 设置偏移距离为12 选择偏移对象(直线 BC) 指定偏移方向(直线 BC 右侧) 其余路的另一边偏移方法相同
步骤3 修剪道路	命令:_trim ↙ 当前设置:投影=UCS,边=无 选择剪切边… 选择对象或<全部选择>:找到 1 个 选择对象:找到 1 个,总计 2 个 ↙ 选择对象: 选择要修剪的对象,或按住 Shift 键选择要延伸 的对象,或 [栏选(F)/窗交(C)/投影(P)/边(E)/删除 (R)/放弃(U)]: 选择要修剪的对象,或按住 Shift 键选择要延伸 的对象,或 [栏选(F)/窗交(C)/投影(P)/边(E)/删除 (R)/放弃(U)]: 选择要修剪的对象,或按住 Shift 键选择要延伸 的对象,或 [栏选(F)/窗交(C)/投影(P)/边(E)/删除 (R)/放弃(U)]:↙ 重复以上步骤,完成道路交叉部分的修剪 命令:_fillet ↙ 当前设置:模式=修剪,半径=0.0000	调用修剪命令 选择修剪边界 选择修剪边界(直线 BM) 选择修剪边界(直线 BM 对应边) 选择被修剪对象(上述定义边界内直线) 完成上述对象修剪 调用圆角命令

续表

操作步骤	操作过程	操作说明
步骤3 修剪道路	选择第一个对象或［放弃(U)/多段线(P)/半径(R)/修剪(T)/多个(M)］:r ↙ 指定圆角半径 <0.0000>:10 ↙ 选择第一个对象或［放弃(U)/多段线(P)/半径(R)/修剪(T)/多个(M)］: 选择第二个对象,或按住 Shift 键选择对象以应用角点或［半径(R)］: 重复以上步骤,完成道路交叉部分的倒角	输入 r,选择圆角半径倒角方式 设置圆角半径为10 选择倒圆角的第1个对象 AB 选择倒圆角的第2个对象 BC
步骤4 输入文字	命令:_mtext ↙ 指定第一角点: 指定对角点或［高度(H)/对正(J)/行距(L)/旋转(R)/样式(S)/宽度(W)/栏(C)］:j ↙ 输入对正方式［左上(TL)/中上(TC)/右上(TR)/左中(ML)/正中(MC)/右中(MR)/左下(BL)/中下(BC)/右下(BR)］<左上(TL)>:mc ↙ 指定对角点或［高度(H)/对正(J)/行距(L)/旋转(R)/样式(S)/宽度(W)/栏(C)］: 输入文本内容 双击空白处,完成文字输入 重复以上命令,完成其他文本的输入	调用多行文本命令 自动捕捉最近点,确定文本框第1对角点 输入 j,选择文本对齐方式 输入 mc,选择"正中"对齐方式 自动捕捉最近点,确定文本框第2对角点 输入"文津路"文本内容 双击空白处,完成文字输入

以上各步骤的绘制效果如图 4-2 所示。

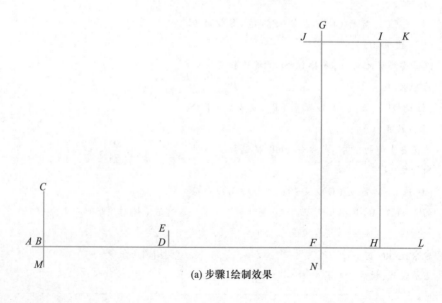

(a) 步骤1绘制效果

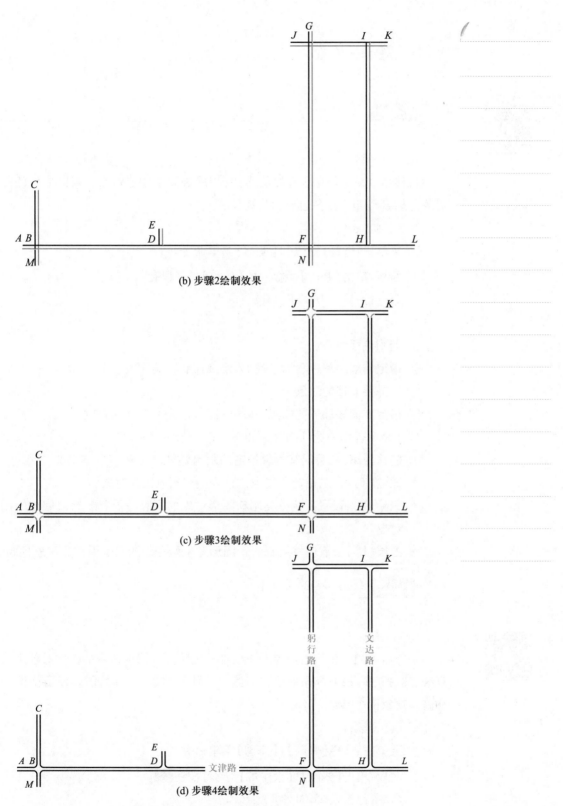

(b) 步骤2绘制效果

(c) 步骤3绘制效果

(d) 步骤4绘制效果

图 4-2　道路各步骤绘制效果

4.4 知识解读

微课
偏移命令

素材
偏移命令

测验
偏移命令随堂
测验

4.4.1 偏移命令

1. 应用范围

偏移命令采用类似于复制的方法,生成等间距图形对象。可以偏移的图形对象包括直线、曲线、多边形、圆、圆弧等。

2. 调用方法

- 菜单栏:选择【修改】|【偏移】菜单命令。
- 面板:单击【修改】面板中的【偏移】按钮。
- 命令行:输入 OFFSET(O)。

3. 操作步骤

① 调用偏移命令。

② 指定偏移距离:可以直接输入距离或者在绘图区单击。

③ 选择要偏移的对象。

④ 指定要偏移那一侧的点:在绘图区单击需要偏移的方位。

偏移命令各相关选项的含义如下。

- 偏移距离:在距现有对象指定的距离处创建对象。
- 通过(T):通过指定通过点位置来偏移复制图形对象。
- 删除(E):设置在偏移复制新图形对象的同时是否要删除被偏移的图形对象。
- 图层(L):设置偏移复制的新图形对象所在的图层是否和源对象相同。

4.4.2 修剪命令

微课
修剪命令

素材
偏剪命令

测验
修剪命令随堂
测验

1. 应用范围

修剪命令用于将超出边界的多余部分删除掉。修剪命令的操作对象可以是直线、圆、弧、多段线、样条曲线和射线等。使用修剪命令时,需要设置修剪边界和修剪对象两个参数。

2. 调用方法

- 菜单栏:选择【修改】|【修剪】菜单命令。
- 面板:单击【修改】面板中的【修剪】按钮。
- 命令行:输入 TRIM(TR)。

3. 操作步骤

① 调用修剪命令。

② 选择对象:选择需要修剪的对象和边界。直接按 Enter 键,默认选择所有对象。

③ 选择要修剪的对象:在需要删除的对象上单击。

4.4.3 圆角命令

微课
圆角命令

1. 应用范围

圆角命令用于将两条非平行直线或多段线用圆弧连接起来。

2. 调用方法

- 菜单栏:选择【修改】|【圆角】菜单命令。

素材
圆角命令

- 面板:单击【修改】面板中的【圆角】按钮 。

- 命令行:输入 FILLET(F)。

测验
圆角命令随堂测验

3. 操作步骤

① 调用圆角命令。

② 设置圆角半径:输入 R 进入半径设置。

③ 选择第一对象:选择需要做圆角的第一条边。

④ 选择第二对象:选择需要做圆角的另一条边。

圆角命令各相关选项的含义如下。

- 多段线(P):选择多段线进行圆角操作。

- 半径(R):设置圆角半径,如果设置圆角半径为 0,则不创建圆弧。

- 修剪(T):进入修剪模式,可选择修剪(T)和不修剪(N),如果选择 T,则不保留原有角;如果选择 N,则保留原有角。

4.5　拓展案例

案例 1　利用直线命令和偏移命令完成走线架示意图的绘制,如图 4-3 所示。

微课
走线架示意图绘制

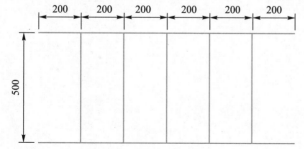

图 4-3　走线架示意图

素材
走线架示意图

微课
标题栏绘制

素材
标题栏

案例2 利用直线、偏移、修剪等命令完成标题栏的绘制,如图4-4所示。

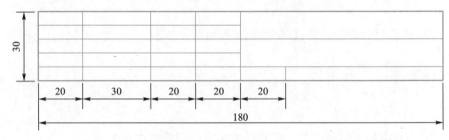

图4-4 标题栏

微课
直通人孔断面
图绘制

素材
直通人孔
断面图

*案例3** 利用直线、倒角、圆角、填充等命令完成直通人孔断面图的绘制,如图4-5所示。

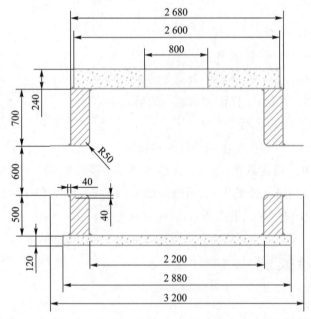

图4-5 直通人孔断面图

任务5
架空线路绘制

知识目标

- 掌握复制命令的操作方法
- 掌握多段线命令的操作方法
- 掌握移动命令的操作方法
- 掌握旋转命令的操作方法

能力目标

- 完成架空线路的绘制
- 完成四方拉线的绘制
- 完成双层拉线的绘制（可选）

教学指南
任务5教学设计

学习指南
任务5任务单

PPT
任务5教学课件

竞赛
任务5知识抢答

5.1　任务描述

　　小王在完成×××学院通信基站光缆接入线路工程图的道路任务后,发现在文达路的东边及文津路的北边有一段路由是采用新建架空线路方式敷设的,为此需要绘制出此段架空线路路由图。本任务要求小王在任务 4 道路绘制的基础上继续绘制如图 5-1 所示的架空线路路由图,并将其保存在计算机桌面上以"学号+姓名"命名的文件夹中,文件名的命名规则为:学号+姓名+"任务 5 架空线路绘制"。

素材
架空线路路
由图

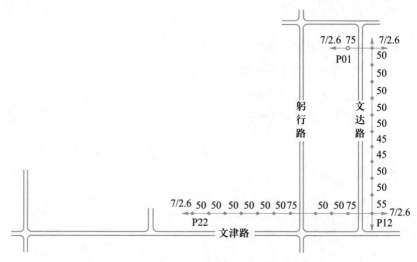

图 5-1　架空线路路由图

5.2　任务分析

微课
架空线路绘制

　　由图 5-1 可以看出,文达路的东边及文津路的北边是新建杆路,文达路的西边有一根原电杆。此架空线路由电杆及吊线、拉线、杆距、杆号及拉线程式组成。因此在具体实现过程中,先绘制原有电杆和新建电杆以及电杆之间的吊线,然后绘制电杆的拉线,最后添加杆距、杆号及拉线程式等相关文字。

5.3　任务实施

测验
架空线路绘制
随堂测验

　　在任务分析的基础上,利用圆命令、填充命令、直线命令、多段线命令、复制命令、旋转命令、移动命令、文字命令等绘制架空线路,具体步骤如表 5-1 所示。

表 5-1　架空线路绘制步骤

操作步骤	操作过程	操作说明
	命令:_open↙ 	找到相关路径,打开素材文件"4-1 道路绘制.dwg"
步骤 1 绘制电杆 及吊线	命令:_circle↙	调用圆命令
	指定圆的圆心或[三点(3P)/两点(2P)/切点、切点、半径(T)]:↙	指定圆心位置
	指定圆的半径或[直径(D)]<5.0000>:5↙	输入圆半径值 5
	命令:_copy↙	调用复制命令
	选择对象:指定对角点:找到 1 个	选择复制对象(刚绘制的圆)
	选择对象:	
	当前设置:复制模式=多个	
	指定基点或[位移(D)/模式(O)]<位移>:	自动捕捉圆心
	指定第二个点或[阵列(A)]<使用第一个点作为位移>:75↙	输入移动距离值 75
	指定第二个点或[阵列(A)/退出(E)/放弃(U)]<退出>:↙	结束复制命令
	命令:_hatch	调用填充命令
	拾取内部点或[选择对象(S)/放弃(U)/设置(T)]:正在选择所有对象…	选择 SOLID 图案填充圆
	正在选择所有可见对象…	
	正在分析所选数据…	
	正在分析内部孤岛…	
	拾取内部点或[选择对象(S)/放弃(U)/设置(T)]:↙	结束填充命令
	命令:_copy↙	调用复制命令
	选择对象:指定对角点:找到 2 个	选择复制对象(刚填充的圆)
	选择对象:	
	当前设置:复制模式=多个	
	指定基点或[位移(D)/模式(O)]<位移>:	自动捕捉圆心
	指定第二个点或[阵列(A)]<使用第一个点作为位移>:50↙	输入移动距离值 50
	指定第二个点或[阵列(A)/退出(E)/放弃(U)]<退出>:100↙	输入移动距离值 100

操作步骤	操作过程	操作说明
步骤1 绘制电杆 及吊线	指定第二个点或［阵列（A）/退出（E）/放弃（U）］＜退出＞:150↙	输入移动距离值150
	指定第二个点或［阵列（A）/退出（E）/放弃（U）］＜退出＞:200↙	输入移动距离值200
	指定第二个点或［阵列（A）/退出（E）/放弃（U）］＜退出＞:250↙	输入移动距离值250
	指定第二个点或［阵列（A）/退出（E）/放弃（U）］＜退出＞:295↙	输入移动距离值295
	指定第二个点或［阵列（A）/退出（E）/放弃（U）］＜退出＞:340↙	输入移动距离值340
	指定第二个点或［阵列（A）/退出（E）/放弃（U）］＜退出＞:390↙	输入移动距离值390
	指定第二个点或［阵列（A）/退出（E）/放弃（U）］＜退出＞:440↙	输入移动距离值440
	指定第二个点或［阵列（A）/退出（E）/放弃（U）］＜退出＞:495↙	输入移动距离值495
	指定第二个点或［阵列(A)/退出(E)/放弃(U)］＜退出＞:↙	结束复制命令
	命令:↙	按 Enter 键,重复复制命令
	COPY	
	选择对象:指定对角点:找到 2 个	选择复制对象(最后填充的圆)
	选择对象:	
	当前设置:复制模式＝多个	
	指定基点或［位移(D)/模式(O)］＜位移＞:	自动捕捉圆心
	指定第二个点或［阵列(A)］＜使用第一个点作为位移＞:75↙	输入移动距离值75
	指定第二个点或［阵列（A）/退出（E）/放弃（U）］＜退出＞:125↙	输入移动距离值125
	指定第二个点或［阵列（A）/退出（E）/放弃（U）］＜退出＞:175↙	输入移动距离值175
	指定第二个点或［阵列（A）/退出（E）/放弃（U）］＜退出＞:250↙	输入移动距离值250
	指定第二个点或［阵列（A）/退出（E）/放弃（U）］＜退出＞:300↙	输入移动距离值300
	指定第二个点或［阵列（A）/退出（E）/放弃（U）］＜退出＞:350↙	输入移动距离值350
	指定第二个点或［阵列（A）/退出（E）/放弃（U）］＜退出＞:400↙	输入移动距离值400

续表

操作步骤	操作过程	操作说明
步骤1 绘制电杆 及吊线	指定第二个点或[阵列(A)/退出(E)/放弃(U)]<退出>:450↙	输入移动距离值450
	指定第二个点或[阵列(A)/退出(E)/放弃(U)]<退出>:500↙	输入移动距离值500
	指定第二个点或[阵列(A)/退出(E)/放弃(U)]<退出>:550↙	输入移动距离值550
	指定第二个点或[阵列(A)/退出(E)/放弃(U)]<退出>:↙	结束复制命令
	命令:_line ↙	调用直线命令
	指定第一个点:	自动捕捉第1个圆的第1象限点
	指定下一点或[放弃(U)]:	自动捕捉第2个圆的第3象限点
	指定下一点或[放弃(U)]:↙	结束直线命令
	命令:↙	按Enter键,重复直线命令
	LINE	
	指定第一个点:	自动捕捉第2个圆的圆心
	指定下一点或[放弃(U)]:	自动捕捉第3个圆的圆心
	指定下一点或[放弃(U)]:	自动捕捉第4个圆的圆心
	指定下一点或[闭合(C)/放弃(U)]:	自动捕捉第5个圆的圆心
	指定下一点或[闭合(C)/放弃(U)]:	自动捕捉第6个圆的圆心
	重复以上步骤,自动捕捉第7~21个圆的圆心	
	指定下一点或[闭合(C)/放弃(U)]:	自动捕捉第22个圆的圆心
	指定下一点或[闭合(C)/放弃(U)]:↙	结束直线命令
步骤2 绘制拉线	命令:_pline ↙	调用多段线命令
	指定起点:	指定起点位置
	当前线宽为0.0000	
	指定下一个点或[圆弧(A)/半宽(H)/长度(L)/放弃(U)/宽度(W)]:w↙	输入w,设置多段线的宽度
	指定起点宽度<0.0000>:0	设置起始宽度值为0
	指定端点宽度<0.0000>:5	设置端点宽度值为5
	指定下一点或[圆弧(A)/半宽(H)/长度(L)/放弃(U)/宽度(W)]:10	在"正交"功能下输入长度值10
	指定下一点或[圆弧(A)/闭合(C)/半宽(H)/长度(L)/放弃(U)/宽度(W)]:w↙	输入w,设置多段线的宽度
	指定起点宽度<5.0000>:0	设置起始宽度值为0
	指定端点宽度<0.0000>:	采用默认端点宽度值0
	指定下一点或[圆弧(A)/闭合(C)/半宽(H)/长度(L)/放弃(U)/宽度(W)]:20↙	在"正交"功能下输入长度值20

续表

操作步骤	操作过程	操作说明
步骤2 绘制拉线	指定下一点或[圆弧(A)/闭合(C)/半宽(H)/长度(L)/放弃(U)/宽度(W)]:↙	结束多段线命令
	命令:_copy↙	调用复制命令
	选择对象:指定对角点:找到 1 个	选择复制对象(拉线)
	选择对象:	
	当前设置:复制模式=多个	
	指定基点或[位移(D)/模式(O)]<位移>:	自动捕捉拉线的端点
	指定第二个点或[阵列(A)]<使用第一个点作为位移>:	任意指定位移值,得到第2条拉线
	指定第二个点或[阵列(A)/退出(E)/放弃(U)]<退出>:	任意指定位移值,得到第3条拉线
	指定第二个点或[阵列(A)/退出(E)/放弃(U)]<退出>:	任意指定位移值,得到第4条拉线
	指定第二个点或[阵列(A)/退出(E)/放弃(U)]<退出>:	任意指定位移值,得到第5条拉线
	指定第二个点或[阵列(A)/退出(E)/放弃(U)]<退出>:	任意指定位移值,得到第6条拉线
	指定第二个点或[阵列(A)/退出(E)/放弃(U)]<退出>:↙	结束复制命令
	命令:_rotate↙	调用旋转命令
	UCS 当前的正角方向:ANGDIR=逆时针 ANGBASE=0	
	选择对象:指定对角点:找到 2 个	选择第1条和第2条拉线
	选择对象:	
	指定基点:	自动捕捉拉线的端点
	指定旋转角度,或[复制(C)/参照(R)]<0>:90↙	输入旋转角度值90,按 Enter 键,重复旋转命令
	命令: ROTATE	
	UCS 当前的正角方向:ANGDIR=逆时针 ANGBASE=0	
	选择对象:找到 1 个	选择第3条拉线
	选择对象:	
	指定基点:	自动捕捉拉线的端点
	指定旋转角度,或[复制(C)/参照(R)]<90>:180↙	输入旋转角度值180,按 Enter 键,重复旋转命令
	命令: ROTATE	
	UCS 当前的正角方向:ANGDIR=逆时针 ANGBASE=0	
	选择对象:指定对角点:找到 2 个	选择第4条和第5条拉线
	选择对象:	
	指定基点:	自动捕捉拉线的端点
	指定旋转角度,或[复制(C)/参照(R)]<180>:-90	输入旋转角度值-90
	命令:_move↙	调用移动命令
	选择对象:找到 1 个	选择第1条拉线
	选择对象:	

操作步骤	操作过程	操作说明
步骤2 绘制拉线	指定基点或[位移(D)]<位移>:	自动捕捉拉线的端点
	指定第二个点或 <使用第一个点作为位移>:↙	自动捕捉第1个圆的第3象限点,按 Enter 键,重复移动命令
	命令:	
	MOVE	
	选择对象:找到 1 个	选择第2条拉线
	选择对象:	
	指定基点或[位移(D)]<位移>:	自动捕捉拉线的端点
	指定第二个点或 <使用第一个点作为位移>:↙	自动捕捉第22个圆的第3象限点,按 Enter 键,重复移动命令
	命令:	
	MOVE	
	选择对象:找到 1 个	选择第3条拉线
	选择对象:	
	指定基点或[位移(D)]<位移>:	自动捕捉拉线的端点
	指定第二个点或 <使用第一个点作为位移>:↙	自动捕捉第2个圆的第1象限点,按 Enter 键,重复移动命令
	命令:	
	MOVE	
	选择对象:找到 1 个	选择第4条拉线
	选择对象:	
	指定基点或[位移(D)]<位移>:	自动捕捉拉线的端点
	指定第二个点或 <使用第一个点作为位移>:↙	自动捕捉第12个圆的第1象限点,按 Enter 键,重复移动命令
	命令:	
	MOVE	
	选择对象:找到 1 个	选择第5条拉线
	选择对象:	
	指定基点或[位移(D)]<位移>:	自动捕捉拉线的端点
	指定第二个点或 <使用第一个点作为位移>:↙	自动捕捉第2个圆的第2象限点,按 Enter 键,重复移动命令
	命令:	
	MOVE	
	选择对象:找到 1 个	选择第6条拉线
	选择对象:	
	指定基点或[位移(D)]<位移>:	自动捕捉拉线的端点
	指定第二个点或 <使用第一个点作为位移>:	自动捕捉第12个圆的第4象限点
步骤3 添加文字	命令:_copy ↙	调用复制命令
	选择对象:找到 1 个	选择对象("文津路")
	选择对象:	
	当前设置:复制模式=多个	

续表

操作步骤	操作过程	操作说明
步骤3 添加文字	指定基点或[位移(D)/模式(O)]<位移>:	任意指定基点
	指定第二个点或[阵列(A)]<使用第一个点作为位移>:	指定第1点(第1个圆下方)
	指定第二个点或[阵列(A)/退出(E)/放弃(U)]<退出>:	指定第2点(第12个圆下方)
	指定第二个点或[阵列(A)/退出(E)/放弃(U)]<退出>:	指定第3点(第22个圆下方)
	指定第二个点或[阵列(A)/退出(E)/放弃(U)]<退出>:	指定第4点(第1个圆上方)
	指定第二个点或[阵列(A)/退出(E)/放弃(U)]<退出>:	指定第5点(第2个圆上方)
	指定第二个点或[阵列(A)/退出(E)/放弃(U)]<退出>:	指定第6点(第12个圆上方)
	指定第二个点或[阵列(A)/退出(E)/放弃(U)]<退出>:	指定第7点(第22个圆上方)
	指定第二个点或[阵列(A)/退出(E)/放弃(U)]<退出>:	指定第8点(第1、2个圆连线上方)
	指定第二个点或[阵列(A)/退出(E)/放弃(U)]<退出>:	指定第9点(第2、3个圆连线右方)
	指定第二个点或[阵列(A)/退出(E)/放弃(U)]<退出>:	指定第10点(第3、4个圆连线右方)
	指定第二个点或[阵列(A)/退出(E)/放弃(U)]<退出>:	指定第11点(第4、5个圆连线右方)
	指定第二个点或[阵列(A)/退出(E)/放弃(U)]<退出>:	指定第12点(第5、6个圆连线右方)
	指定第二个点或[阵列(A)/退出(E)/放弃(U)]<退出>:	指定第13点(第6、7个圆连线右方)
	指定第二个点或[阵列(A)/退出(E)/放弃(U)]<退出>:	指定第14点(第7、8个圆连线右方)
	指定第二个点或[阵列(A)/退出(E)/放弃(U)]<退出>:	指定第15点(第8、9个圆连线右方)
	指定第二个点或[阵列(A)/退出(E)/放弃(U)]<退出>:	指定第16点(第9、10个圆连线右方)
	指定第二个点或[阵列(A)/退出(E)/放弃(U)]<退出>:	指定第17点(第10、11个圆连线右方)
	指定第二个点或[阵列(A)/退出(E)/放弃(U)]<退出>:	指定第18点(第11、12个圆连线右方)
	指定第二个点或[阵列(A)/退出(E)/放弃(U)]<退出>:	指定第19点(第12、13个圆连线上方)
	指定第二个点或[阵列(A)/退出(E)/放弃(U)]<退出>:	指定第20点(第13、14个圆连线上方)
	指定第二个点或[阵列(A)/退出(E)/放弃(U)]<退出>:	指定第21点(第14、15个圆连线上方)
	指定第二个点或[阵列(A)/退出(E)/放弃(U)]<退出>:	指定第22点(第15、16个圆连线上方)
	指定第二个点或[阵列(A)/退出(E)/放弃(U)]<退出>:	指定第23点(第16、17个圆连线上方)
	指定第二个点或[阵列(A)/退出(E)/放弃(U)]<退出>:	指定第24点(第17、18个圆连线上方)
	指定第二个点或[阵列(A)/退出(E)/放弃(U)]<退出>:	指定第25点(第18、19个圆连线上方)
	指定第二个点或[阵列(A)/退出(E)/放弃(U)]<退出>:	指定第26点(第19、20个圆连线上方)
	指定第二个点或[阵列(A)/退出(E)/放弃(U)]<退出>:	指定第27点(第20、21个圆连线上方)
	指定第二个点或[阵列(A)/退出(E)/放弃(U)]<退出>:	指定第28点(第21、22个圆连线上方)
	指定第二个点或[阵列(A)/退出(E)/放弃(U)]<退出>:↙	结束复制命令
	命令:	双击第1个复制的文本框("文津路")
	命令:	编辑文字内容,改为P01
	命令:	
	命令:_mtedit	单击空白处,完成文字编辑
	重复以上文字编辑命令,完成其他相关文字的编辑	

以上各步骤的绘制效果如图5-2所示。

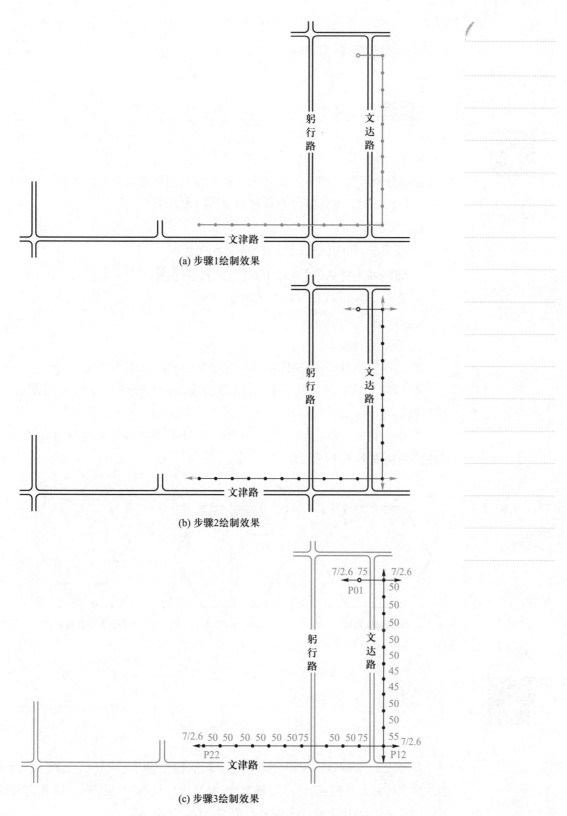

(a) 步骤1绘制效果

(b) 步骤2绘制效果

(c) 步骤3绘制效果

图 5-2 架空线路各步骤绘制效果

5.4 知识解读

微课
复制命令

测验
复制命令随堂
测验

5.4.1 复制命令

1. 应用范围

复制命令可用于将一个或者多个对象复制到指定位置,也可用于对一个对象进行多次复制。使用复制命令可以提高绘图效率。

2. 调用方法

- 菜单栏:选择【修改】|【复制】菜单命令。
- 面板:单击【修改】面板中的【复制】按钮 。
- 命令行:输入 COPY(CO/CP)。

3. 操作步骤

① 调用复制命令

② 选择复制对象:选择需要复制的对象——圆,如图5-3(a)所示。

③ 指定基点:启用圆心自动捕捉功能,选择圆心作为复制的基点,如图5-3(b)所示。

④ 指定第二个点:逐个选择六边形的另外5个端点作为复制的第二个点,最终效果如图5-3(c)所示。

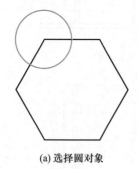
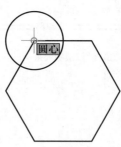
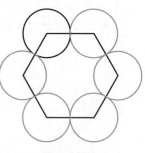

(a) 选择圆对象　　　　(b) 指定基点　　　　(c) 最终复制效果

图5-3　复制命令操作步骤

微课
多段线命令

测验
多段线命令随
堂测验

5.4.2 多段线命令

1. 应用范围

多段线是 AutoCAD 2019 中最常用且功能较强的对象之一,它由一系列首尾相连的直线和圆弧组成,可以设置宽度,并且可以绘制封闭图形。因此,多段线可以代替 AutoCAD 中的一些图形对象,如直线、圆弧等。

2. 调用方法

- 菜单栏：选择【绘图】|【多段线】菜单命令。

- 面板：单击【绘图】面板中的【多段线】按钮

- 命令行：输入 PLINE(PL)。

3. 操作步骤

以箭头符号的绘制为例，多段线命令的操作步骤如图 5-4 所示。

| 1. 调用多段线命令 | 2. 在绘图区任意选取一点 | 3. 输入w, 设置宽度 |

```
命令: _pline
指定起点:
当前线宽为 0.0000
指定下一个点或 [圆弧(A)/半宽(H)/长度(L)/放弃(U)/宽度(W)]: w
指定起点宽度 <0.0000>: 10
指定端点宽度 <10.0000>: 0
指定下一个点或 [圆弧(A)/半宽(H)/长度(L)/放弃(U)/宽度(W)]: l
指定直线的长度: 20
```

- 4. 设置起点宽度值为10
- 5. 设置端点宽度值为0
- 6. 输入l, 设置直线长度
- 7. 输入直线长度值20

图 5-4　多段线操作步骤

绘制效果如图 5-5 所示。

图 5-5　箭头符号

素材
多段线命令

多段线命令各主要选项的含义如下。

- 半宽(H)：用于设置多段线线条宽度的一半。

- 长度(L)：用于定义多段线的长度。

- 放弃(U)：用于取消前一步绘制的多段线。

- 宽度(W)：用于设置多段线的线宽，默认值为 0。为多段线的起点宽度
和端点宽度设置不同的数值，可以绘制出箭头之类的图形。

5.4.3　移动命令

1. 应用范围

在绘制图形时，如果图形的位置不合适，可通过 AutoCAD 2019 中的移动命令将图形移动至合适的位置。移动命令用于将图形从一个位置平移到另一个位置，移动过程中图形的大小、形状和倾斜角度均不改变。

2. 调用方法

- 菜单栏：选择【修改】|【移动】菜单命令。

微课
移动命令

测验
移动命令随堂
测验

- 面板:单击【修改】面板中的【移动】按钮
- 命令行:输入 MOVE(M)。

3. 操作步骤

① 调用移动命令。

② 选择移动对象:选择需要移动的对象——圆,如图5-6(a)所示。

③ 指定基点:启用圆心自动捕捉功能,选择圆心作为移动的基点,如图5-6(b)所示。

④ 指定第二个点:启用中点自动捕捉功能,选择正方形下边的中点位置作为第二个点,最终效果如图5-6(c)所示。

素材
移动命令

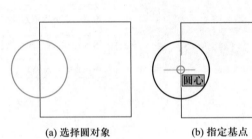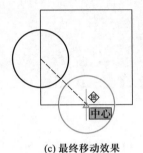

(a) 选择圆对象   (b) 指定基点   (c) 最终移动效果

图5-6 移动命令操作步骤

5.4.4 旋转命令

微课
旋转命令

1. 应用范围

在绘制图形时,若绘制的图形的角度不合理,可通过 AutoCAD 2019 中的旋转命令进行调整。旋转命令用于将图形对象绕一个固定的点旋转一定的角度。注意,逆时针旋转的角度为正值,顺时针旋转的角度为负值。

测验
旋转命令随堂测验

2. 调用方法

- 菜单栏:选择【修改】|【旋转】菜单命令。
- 面板:单击【修改】面板中的【旋转】按钮
- 命令行:输入 ROTATE(RO)。

3. 操作步骤

① 调用旋转命令。

② 选择旋转对象:选择需要旋转的对象——箭头,如图5-7(a)所示。

③ 指定基点:启用圆心自动捕捉功能,选择圆心作为旋转的基点,如图5-7(b)所示。

④ 指定旋转角度:直接输入180,并按 Enter 键,即可完成箭头部分的旋转,效果如图5-7(c)所示。

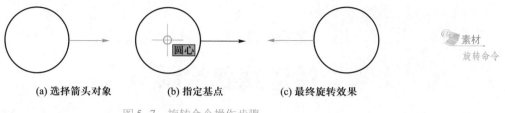

| (a) 选择箭头对象 | (b) 指定基点 | (c) 最终旋转效果 |

图 5-7　旋转命令操作步骤

5.5　拓展案例

素材
旋转命令

案例1　利用多段线命令、复制命令、移动命令、旋转命令等完成四方拉线的绘制，如图 5-8 所示。

微课
四方拉线绘制

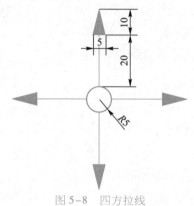

素材
四方拉线

图 5-8　四方拉线

*案例2　利用直线命令、矩形命令、圆命令、复制命令等完成双层拉线的绘制，如图 5-9 所示。

微课
双层拉线绘制

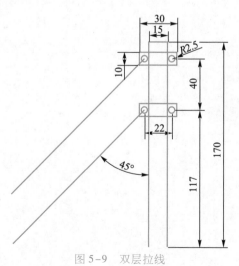

素材
双层拉线

参考资料
任务 5 拓展案例 3

图 5-9　双层拉线

任务6
管道线路绘制

教学指南
任务6教学设计

学习指南
任务6任务单

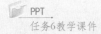
PPT
任务6教学课件

竞赛
任务6知识抢答

知识目标

● 掌握矩形命令的操作方法
● 掌握多边形命令的操作方法
● 掌握阵列命令的操作方法

能力目标

● 完成管道线路的绘制
● 完成五孔梅花管的绘制
● 完成馈线孔示意图的绘制
● 完成光缆占位孔的绘制（可选）
● 完成铠装光缆结构图的绘制（可选）

6.1 任务描述

小王在完成×××学院通信基站光缆接入线路工程图的架空线路任务后,发现有一段路由是采用管道方式敷设的,为此需要绘制出此段管道线路路由图。本任务要求小王在任务5架空线路绘制的基础上继续绘制如图6-1所示的管道线路路由图,并将其保存在计算机桌面上以"学号+姓名"命名的文件夹中,文件名的命名规则为:学号+姓名+"任务6管道线路绘制"。

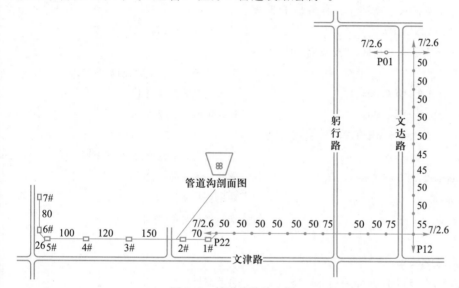

图6-1 管道线路路由图

6.2 任务分析

由图6-1可知,管道线路由人孔、人孔间距、人孔号三部分组成。人孔主要由几个矩形以及之间的连线组成,人孔间距和人孔号可通过文字输入方式实现。此外,还需绘制管道沟剖面图。因此,在具体实现过程中,首先利用矩形命令、直线命令、复制命令绘制人孔和人孔之间的连线,然后利用直线命令、镜像命令、偏移命令、阵列命令绘制管道沟剖面图,最后利用文字命令完成人孔间距和人孔号的输入。

6.3 任务实施

在任务分析的基础上,利用矩形命令、复制命令、旋转命令、直线命令、阵列命令、文字命令等绘制管道线路,具体步骤如表6-1所示。

表6-1　管道线路绘制步骤

操作步骤	操作过程	操作说明
	命令:_line↙	调用直线命令
	指定第一个点:	捕捉第22个圆的圆心,确定直线起点
	指定下一点或[放弃(U)]:7↙	输入直线长度值7
	指定下一点或[放弃(U)]:30↙	输入直线长度值30
	指定下一点或[放弃(U)]:↙	结束直线命令
	命令:_rectang	调用矩形命令
	指定第一个角点或[倒角(C)/标高(E)/圆角(F)/厚度(T)/宽度(W)]:	捕捉直线端点,确定矩形角点
	指定另一个角点或[面积(A)/尺寸(D)/旋转(R)]:d	输入d,选择"尺寸"绘制矩形方式
	指定矩形的长度<10.0000>:15	输入矩形的长度值15
	指定矩形的宽度<10.0000>:10	输入矩形的宽度值10
	指定另一个角点或[面积(A)/尺寸(D)/旋转(R)]:↙	单击确定矩形的方向,结束矩形命令
	命令:_.erase 找到2个↙	删除2条辅助直线
	命令:_copy↙	调用复制命令
	选择对象:找到1个	选择复制对象(矩形)
步骤1 绘制人孔	选择对象:	
	当前设置:复制模式=多个	
	指定基点或[位移(D)/模式(O)]<位移>:	自动捕捉矩形角点
	指定第二个点或[阵列(A)<使用第一个点作为位移>:70	输入移动距离值70
	指定第二个点或[阵列(A)/退出(E)/放弃(U)]<退出>:220	输入移动距离值220
	指定第二个点或[阵列(A)/退出(E)/放弃(U)]<退出>:340	输入移动距离值340
	指定第二个点或[阵列(A)/退出(E)/放弃(U)]<退出>:450	输入移动距离值450
	指定第二个点或[阵列(A)/退出(E)/放弃(U)]<退出>:475	输入移动距离值475
	指定第二个点或[阵列(A)/退出(E)/放弃(U)]<退出>:↙	结束复制命令
	命令:_rotate↙	调用旋转命令
	UCS 当前的正角方向:ANGDIR = 逆时针 ANG-BASE=0	

操作步骤	操作过程	操作说明
步骤1 绘制人孔	选择对象:找到1个	旋转最后复制的矩形
	选择对象:	
	指定基点:	将矩形的右上角作为旋转基点
	指定旋转角度,或[复制(C)/参照(R)]<0>:-90	
	↙	输入旋转角度值-90,按 Enter 键,重复复制
	命令:↙	命令
	命令:	
	命令:_copy↙	调用复制命令
	选择对象:找到1个	选择复制对象(矩形)
	选择对象:	
	当前设置:复制模式=多个	
	指定基点或[位移(D)/模式(O)]<位移>:	自动捕捉矩形角点
	指定第二个点或[阵列(A)]<使用第一个点作为 位移>:80	输入移动距离值80
	指定第二个点或[阵列(A)/退出(E)/放弃(U)] <退出>:↙	结束复制命令
	命令:_line↙	调用直线命令
	指定第一个点:	捕捉第22个圆的第3象限点,确定直线起点
	指定下一点或[放弃(U)]:	捕捉第1个矩形左侧直线中点,确定直线端点
	指定下一点或[放弃(U)]:↙	结束直线命令,按 Enter 键,重复直线命令
	命令:↙	
	LINE	
	指定第一个点:	捕捉第1个矩形左侧直线中点,确定直线起点
	指定下一点或[放弃(U)]:	捕捉第2个矩形右侧直线中点,确定直线端点
	指定下一点或[放弃(U)]:↙	结束直线命令,按 Enter 键,重复直线命令
	命令:↙	
	LINE	
	指定第一个点:	捕捉第2个矩形左侧直线中点,确定直线起点
	指定下一点或[放弃(U)]:	捕捉第3个矩形右侧直线中点,确定直线端点
	指定下一点或[放弃(U)]:↙	结束直线命令
	重复以上直线命令,完成其余矩形间直线的绘制	
步骤2 绘制管道 沟剖面图	命令:_line↙	调用直线命令
	指定第一个点:<正交开>	指定任意一点,单击确定直线起点
	指定下一点或[放弃(U)]:18↙	打开"正交"功能,输入直线长度值18
	指定下一点或[放弃(U)]:60↙	输入直线长度值60

续表

操作步骤	操作过程	操作说明
步骤2 绘制管道 沟剖面图	指定下一点或[闭合(C)/放弃(U)]:38↙	输入直线长度值38
	指定下一点或[闭合(C)/放弃(U)]:c↙	输入c,实现图形闭合,结束直线命令
	命令:_mirror↙	调用镜像命令
	选择对象:指定对角点:找到4个	选择对象(刚绘制的图形)
	选择对象:	
	指定镜像线的第一点:>>选项卡索引<0>:	自动捕捉垂直直线的端点作为镜像线第1点
	指定镜像线的第一点:指定镜像线的第二点:	自动捕捉垂直直线的端点作为镜像线第2点
	要删除源对象吗?[是(Y)/否(N)]<N>:↙	不删除源对象,结束镜像命令
	命令:_offset↙	调用偏移命令
	当前设置:删除源=否 图层=源 OFFSETGAPTYPE=0	
	指定偏移距离或[通过(T)/删除(E)/图层(L)] <20.0000>:20↙	输入偏移距离值20
	选择要偏移的对象,或[退出(E)/放弃(U)]<退出>:	选择偏移对象(水平直线)
	指定要偏移的那一侧上的点,或[退出(E)/多个(M)/放弃(U)]<退出>:	指定偏移方向(偏移对象上方)
	选择要偏移的对象,或[退出(E)/放弃(U)]<退出>:↙	退出偏移命令
	命令:	按Enter键,重复偏移命令
	OFFSET	
	当前设置:删除源=否 图层=源 OFFSETGAPTYPE=0	
	指定偏移距离或[通过(T)/删除(E)/图层(L)] <20.0000>:4.5↙	设置偏移距离值4.5
	选择要偏移的对象,或[退出(E)/放弃(U)]<退出>:	选择偏移对象(垂直直线)
	指定要偏移的那一侧上的点,或[退出(E)/多个(M)/放弃(U)]<退出>:	指定偏移方向(偏移对象左方)
	选择要偏移的对象,或[退出(E)/放弃(U)]<退出>:↙	退出偏移命令
	命令:_circle	调用圆命令
	指定圆的圆心或[三点(3P)/两点(2P)/切点、切点、半径(T)]:	自动捕捉直线的交点作为圆心
	指定圆的半径或[直径(D)]:4.5↙	输入圆半径值4.5,结束圆命令
	命令:_.erase 找到3个	删除添加的3条辅助直线

续表

操作步骤	操作过程	操作说明
步骤2 绘制管道 沟剖面图	命令:_arrayrect 选择对象:找到1个 1.设置【列数】为2　2.设置【介于】为9　3.设置【行数】为2　4.设置【介于】为9　5.单击【关闭阵列】按钮 	调用矩形阵列命令 选中刚刚绘制的圆
步骤3 添加文字	命令:_copy↙ 选择对象:找到1个 选择对象: 当前设置:复制模式=多个 指定基点或[位移(D)/模式(O)]<位移>: 指定第二个点或[阵列(A)]<使用第一个点作为位移>: 指定第二个点或[阵列(A)/退出(E)/放弃(U)]<退出>: 指定第二个点或[阵列(A)/退出(E)/放弃(U)]<退出>: 指定第二个点或[阵列(A)/退出(E)/放弃(U)]<退出>: 指定第二个点或[阵列(A)/退出(E)/放弃(U)]<退出>: 指定第二个点或[阵列(A)/退出(E)/放弃(U)]<退出>: 指定第二个点或[阵列(A)/退出(E)/放弃(U)]<退出>: 指定第二个点或[阵列(A)/退出(E)/放弃(U)]<退出>: 指定第二个点或[阵列(A)/退出(E)/放弃(U)]<退出>:	调用复制命令 选择对象("P22") 任意指定基点 指定第1点(第1个矩形下方) 指定第2点(第2个矩形下方) 指定第3点(第3个矩形下方) 指定第4点(第4个矩形下方) 指定第5点(第5个矩形下方) 指定第6点(第6个矩形右方) 指定第7点(第7个矩形右方) 指定第8点(第1、2个矩形连线上方) 指定第9点(第2、3个矩形连线上方) 指定第10点(第3、4个矩形连线上方)

续表

操作步骤	操作过程	操作说明
步骤3 添加文字	指定第二个点或[阵列(A)/退出(E)/放弃(U)] <退出>:	指定第11点(第4、5个矩形连线上方)
	指定第二个点或[阵列(A)/退出(E)/放弃(U)] <退出>:	指定第12点(第5、6个矩形连线下方)
	指定第二个点或[阵列(A)/退出(E)/放弃(U)] <退出>:	指定第13点(第6、7个矩形连线右方)
	指定第二个点或[阵列(A)/退出(E)/放弃(U)] <退出>:	指定第14点(管道沟剖面图下方)
	指定第二个点或[阵列(A)/退出(E)/放弃(U)] <退出>:↙	结束复制命令
	命令:	双击刚复制的文本框("P22")
	命令:	编辑文字内容,改为"1#"
	命令:	
	命令:_mtedit	单击空白处,完成文字编辑
	重复以上文字编辑命令,完成其他相关文字的编辑, 并绘制"管道沟剖面图"下方的直线	

以上各步骤的绘制效果如图6-2所示。

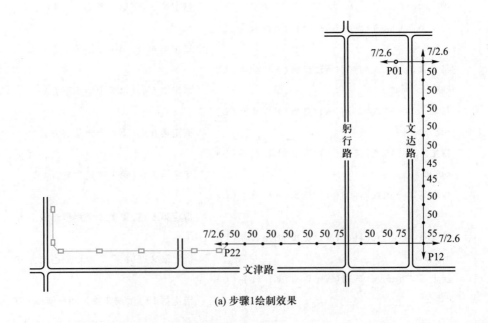

(a) 步骤1绘制效果

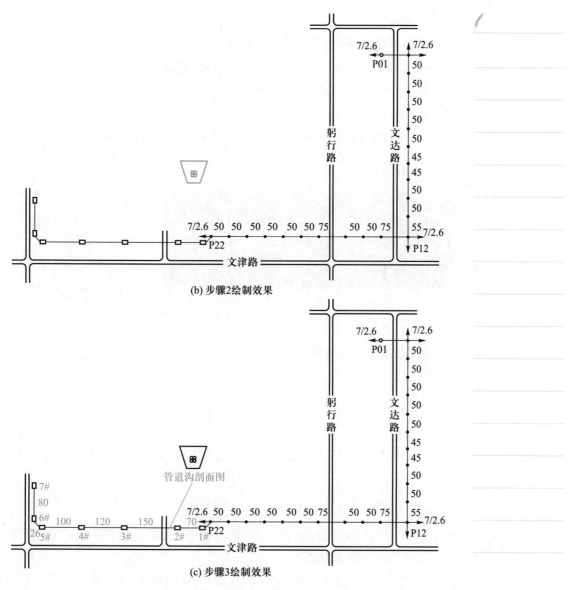

(b) 步骤2绘制效果

(c) 步骤3绘制效果

图6-2 管道线路各步骤绘制效果

6.4 知识解读

微课
矩形命令

6.4.1 矩形命令

测验
矩形命令随堂测验

1. 应用范围

矩形就是通常所说的长方形,在 AutoCAD 2019 中绘制矩形,可以设置圆角、倒角、厚度、宽度等数值。

2. 调用方法

- 菜单栏:选择【绘图】|【矩形】菜单命令。
- 面板:单击【绘图】面板中的【矩形】按钮 。
- 命令行:输入 RECTANG(REC)。

3. 操作步骤

以 200×100 矩形的绘制为例,矩形命令的操作步骤如图 6-3 所示。

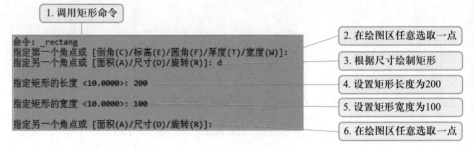

图 6-3　矩形绘制步骤

绘制效果如图 6-4 所示。

素材
矩形

图 6-4　矩形

矩形命令各主要选项的含义如下。

- 倒角(C):用来绘制倒角矩形,如图 6-5(a)所示,选择该选项后,可以设置矩形的倒角距离。
- 圆角(F):用来绘制圆角矩形,如图 6-5(b)所示,选择该选项后,可以设置矩形的圆角半径。
- 厚度(T):用来绘制有厚度的矩形,选择该选项后,可以设置矩形的厚度。系统默认的视图是俯视图,看不出矩形的厚度,如果需要观察矩形的厚度,需要转换视图的角度。
- 宽度(W):用来绘制有宽度的矩形,如图 6-5(c)所示,选择该选项后,可以设置矩形的线宽。
- 面积(A):选择该选项后,可以通过确定矩形面积大小的方式来绘制矩形。
- 尺寸(D):选择该选项后,可以通过确定矩形长和宽的方式来绘制矩形。
- 旋转(R):选择该选项后,可以指定绘制矩形的旋转角度。

(a) 倒角矩形　　　(b) 圆角矩形　　　(c) 宽度矩形

图 6-5　不同矩形绘制效果

6.4.2　多边形命令

微课

多边形命令

测验

多边形命令随
堂测验

1. 应用范围

由 3 条或 3 条以上长度相等的线段首尾相连形成的多边形称为正多边形。
AutoCAD 2019 所能绘制多边形的边数范围为 3～1024。

2. 调用方法

- 菜单栏:选择【绘图】|【多边形】菜单命令。
- 面板:单击【绘图】面板中的【多边形】按钮 。
- 命令行:输入 POLYGON(POL)。

3. 操作步骤

（1）内接于圆方式绘制正多边形

内接于圆的绘制方法主要通过输入正多边形的边数、外接圆的圆心和半径
来绘制正多边形,且正多边形的所有顶点都在圆上。以外接圆半径为 100 的正
六边形为例,绘制步骤如图 6-6 所示。

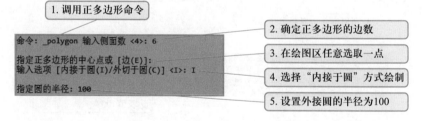

图 6-6　内接于圆正多边形绘制步骤

绘制效果如图 6-7 所示。

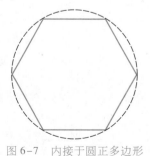

图 6-7　内接于圆正多边形

（2）外切于圆方式绘制正多边形

绘制外切于圆的正多边形,主要通过输入正多边形的边数、内切圆的圆心和半径来完成。其中,内切圆的半径也是正多边形中心点到各边中点的距离。以内切圆半径为100的正六边形为例,绘制步骤如图6-8所示。

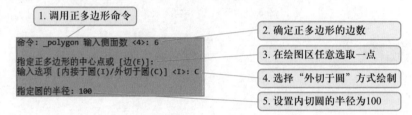

图6-8　外切于圆正多边形绘制步骤

绘制效果如图6-9所示。

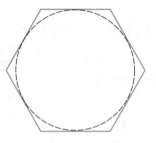

图6-9　外切于圆正多边形

（3）边长法绘制正多边形

以边长为100的正六边形为例,绘制步骤如图6-10所示。

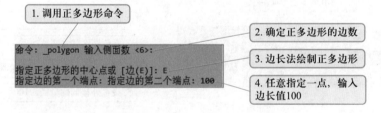

图6-10　边长法正多边形绘制步骤

绘制效果如图6-11所示。

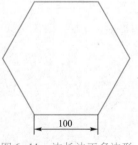

图6-11　边长法正多边形

测验
阵列命令随堂
测验

6.4.3　阵列命令

1. 应用范围

阵列命令是一个多重复制命令,可用于将选择的对象一次复制多个,并且按一定的规律进行排列。

2. 调用方法

- 菜单栏:选择【编辑】|【阵列】菜单命令。
- 面板:单击【修改】面板中的【矩形阵列】按钮▦、【环形阵列】按钮▦ 或【路径阵列】按钮▦。
- 命令行:输入 ARRAYRECT、ARRAYPOLAR 或 ARRAYPATH。

3. 操作步骤

（1）矩形阵列

微课
矩形阵列命令

矩形阵列是将图形呈矩形状地进行排列,用于多重复制那些行列排列的图形。在矩形阵列设置选项板中,可以对行数、列数、层数进行设置。具体操作步骤如下。

① 调用矩形阵列命令。

② 选取阵列对象:选中如图 6-12(a)所示的矩形,并按 Enter 键确认。

③ 弹出矩形阵列设置选项板,完成相关参数的设置,如图 6-13 所示。

效果如图 6-12(b)所示。

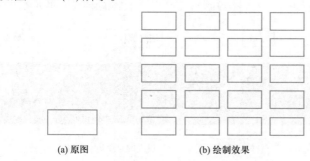

(a) 原图　　　　　(b) 绘制效果

图 6-12　矩形阵列

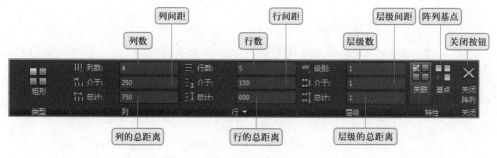

图 6-13　矩形阵列参数设置

（2）环形阵列

环形阵列是将图形以某一点为中心点进行环形复制,阵列结果是选定对象围绕指定的中心点或旋转轴均匀分布。具体操作步骤如下。

① 调用环形阵列命令。

② 选取阵列对象:选中图6-14(a)中的箭头部分,并按 Enter 键确认。

③ 指定阵列的中心点:自动捕捉圆心作为环形阵列的中心点,如图6-14(b)所示。

④ 弹出环形阵列设置选项板,完成相关参数的设置,如图6-15所示。

效果如图6-14(c)所示。

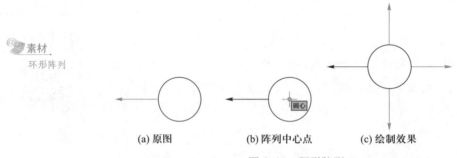

(a) 原图　　　　(b) 阵列中心点　　　　(c) 绘制效果

图6-14　环形阵列

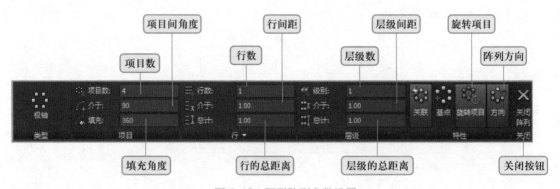

图6-15　环形阵列参数设置

（3）路径阵列

路径阵列是将对象均匀地沿着路径分布,路径可以是直线、多段线、样条曲线、圆弧、圆等。具体操作步骤如下。

① 调用路径阵列命令。

② 选取阵列对象:选中图6-16(a)中的圆,并按 Enter 键确认。

③ 选择路径曲线:选中图6-16(a)中的曲线,并按 Enter 键确认。

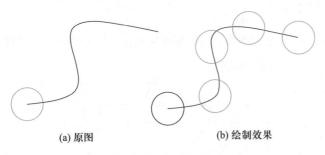

(a) 原图　　　　(b) 绘制效果

图 6-16　路径阵列

④ 弹出路径阵列设置选项板,完成相关参数的设置,如图 6-17 所示。
效果如图 6-16(b)所示。

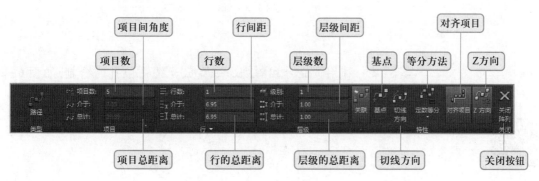

图 6-17　路径阵列参数设置

6.5　拓展案例

案例1　利用多边形命令和圆命令完成五孔梅花管的绘制,如图 6-18 所示。

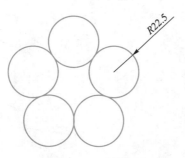

图 6-18　五孔梅花管

微课

五孔梅花管
绘制

素材

五孔梅花管

微课
馈线孔示意图
绘制

素材
馈线孔示意图

案例2 利用矩形命令、圆命令和阵列命令完成馈线孔示意图的绘制,如图6-19所示。

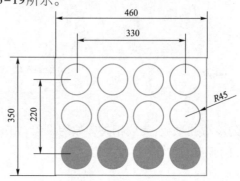

图6-19 馈线孔示意图

微课
光缆占位孔
绘制

素材
光缆占位孔

案例3 利用圆命令和阵列命令完成光缆占位孔的绘制,如图6-20所示。

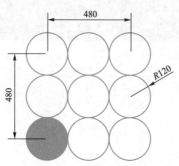

图6-20 光缆占位孔

微课
铠装光缆结构
图绘制

素材
铠装光缆结
构图

案例4 利用圆命令、阵列命令和填充命令完成铠装光缆结构图的绘制,如图6-21所示。

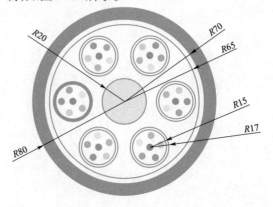

图6-21 铠装光缆结构图

任务7
基站示意图绘制

知识目标

- 掌握分解命令的操作方法
- 掌握圆弧命令的操作方法
- 掌握缩放命令的操作方法

能力目标

- 完成基站示意图的绘制
- 完成传输设备内时钟示意图的绘制
- 完成落地式交接箱示意图的绘制

教学指南
任务7教学设计

学习指南
任务7任务单

PPT
任务7教学课件

竞赛
任务7知识抢答

7.1 任务描述

小王在完成×××学院通信基站光缆接入线路工程的架空及管道线路绘制后,需要将布放的 24 芯光缆引入基站,为此需要绘制基站示意图。本任务要求小王在任务 6 管道线路绘制的基础上继续绘制如图 7-1 所示的基站示意图,并将其保存在计算机桌面上以"学号+姓名"命名的文件夹中,文件名的命名规则为:学号+姓名+"任务 7 基站示意图绘制"。

素材
基站示意图

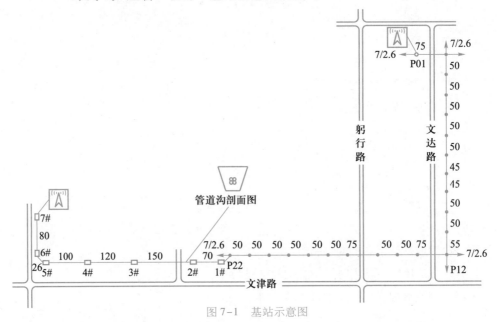

图 7-1 基站示意图

7.2 任务分析

由图 7-1 可知,该基站由基站外框、基站铁塔和基站无线信号三部分组成。基站外框由正方形组成,铁塔由 4 条直线组成,无线信号由一系列圆弧组成。基站外框可用多边形命令来完成,基站铁塔可用直线命令来完成,基站无线信号可用圆弧命令来完成。因此,在具体实现过程中,首先利用多边形命令绘制正方形,然后利用直线命令绘制铁塔,接着利用圆弧命令绘制基站无线信号,最后利用缩放命令和移动命令将基站示意图调整到位。

微课
基站示意图
绘制

测验
基站示意图绘
制随堂测验

7.3 任务实施

在任务分析的基础上,利用多边形命令、分解命令、直线命令、偏移命令、圆弧命令、缩放命令等绘制基站示意图,具体步骤如表 7-1 所示。

表 7-1 基站示意图绘制步骤

操作步骤	操作过程	操作说明
步骤 1 绘制基站外框	命令:_polygon 输入侧面数<4>: 指定正多边形的中心点或[边(E)]:e 指定边的第一个端点:指定边的第二个端点: <正交开>90↙	调用多边形命令,输入边数值为 4 输入 e,选择边长法绘制正方形 指定任意直线起点,输入直线长度值 90
步骤 2 绘制基站铁塔	命令:_explode↙ 选择对象:找到 1 个↙ 选择对象: 命令:_line↙ 指定第一个点: 指定下一点或[放弃(U)]: 指定下一点或[放弃(U)]:↙ 命令:_offset↙ 当前设置:删除源=否图层=源 OFFSETGAPTYPE=0 指定偏移距离或[通过(T)/删除(E)/图层(L)] <11.2500>:30↙ 选择要偏移的对象,或[退出(E)/放弃(U)]<退出>: 指定要偏移的那一侧上的点,或[退出(E)/多个(M)/放弃(U)]<退出>: 选择要偏移的对象,或[退出(E)/放弃(U)]<退出>:↙ 命令: OFFSET 当前设置:删除源=否图层=源 OFFSETGAPTYPE=0 指定偏移距离或[通过(T)/删除(E)/图层(L)] <30.0000>:20↙ 选择要偏移的对象,或[退出(E)/放弃(U)]<退出>: 指定要偏移的那一侧上的点,或[退出(E)/多个(M)/放弃(U)]<退出>: 选择要偏移的对象,或[退出(E)/放弃(U)]<退出>:↙	调用分解命令 选择刚刚绘制的正方形 结束分解命令 调用直线命令 自动捕捉直线中点作为直线起点 自动捕捉直线中点作为直线端点 结束直线命令 调用偏移命令 输入偏移距离值 30 选择偏移对象(正方形上边) 指定偏移方向(正方形上边下方) 重复调用偏移命令 输入偏移距离值 20 选择偏移对象(正方形下边) 指定偏移方向(正方形下边上方) 结束偏移命令

续表

操作步骤	操作过程	操作说明
步骤2 绘制基站 铁塔	命令:_line↙	调用直线命令
	指定第一个点:	自动捕捉直线交点作为直线起点
	指定下一点或[放弃(U)]:@ 50<255↙	输入直线相对坐标值@ 50<255
	指定下一点或[放弃(U)]:	自动捕捉直线交点作为直线端点
	指定下一点或[闭合(C)/放弃(U)]:↙	结束直线命令
	命令:_. erase 找到 3 个↙	删除 3 条辅助直线
	命令:_mirror↙	调用镜像命令
	选择对象:指定对角点:找到 2 个	选择镜像对象(2 条直线)
	选择对象:	
	指定镜像线的第一点:指定镜像线的第二点:	自动捕捉正方形上下边中点作为镜像点
	要删除源对象吗?[是(Y)/否(N)]<N>:↙	结束镜像命令
步骤3 绘制基站 信号	命令:_line↙	调用直线命令
	指定第一个点:	自动捕捉直线端点作为直线起点
	指定下一点或[放弃(U)]:45	输入直线长度值45
	指定下一点或[放弃(U)]:↙	结束直线命令
	命令:_measure↙	调用定距等分命令
	选择要定距等分的对象:	选择等分对象(辅助直线)
	指定线段长度或[块(B)]:11. 25	输入分段长度值11. 25,结束定距等分命令
	命令:_arc↙	调用圆弧命令
	指定圆弧的起点或[圆心(C)]:c↙	输入 c,选择"圆心"绘制圆弧
	指定圆弧的圆心:_c	
	指定圆弧的圆心:	自动捕捉直线端点作为圆心
	指定圆弧的起点:	自动捕捉第 1 等分点
	指定圆弧的端点(按住 Ctrl 键以切换方向)或[角度(A)/弦长(L)]:a↙	输入 a,选择"角度"绘制圆弧
	指定夹角(按住 Ctrl 键以切换方向):30↙	输入角度值,结束圆弧命令
	命令:_. erase 找到 4 个	删除辅助直线和节点
	命令:_offset↙	调用偏移命令
	当前设置:删除源=否 图层=源 OFFSETGAP-TYPE=0	
	指定偏移距离或[通过(T)/删除(E)/图层(L)]<通过>:11. 25↙	输入偏移距离值11. 25
	选择要偏移的对象,或[退出(E)/放弃(U)]<退出>:	选择偏移对象(圆弧)

操作步骤	操作过程	操作说明
步骤3 绘制基站 信号	指定要偏移的那一侧上的点,或[退出(E)/多个 (M)/放弃(U)]<退出>:	指定偏移方向
	选择要偏移的对象,或[退出(E)/放弃(U)]<退 出>:	选择偏移对象(圆弧)
	指定要偏移的那一侧上的点,或[退出(E)/多个 (M)/放弃(U)]<退出>:	指定偏移方向
	选择要偏移的对象,或[退出(E)/放弃(U)]<退 出>:	选择偏移对象(圆弧)
	指定要偏移的那一侧上的点,或[退出(E)/多个 (M)/放弃(U)]<退出>:	指定偏移方向
	选择要偏移的对象,或[退出(E)/放弃(U)]<退 出>:↙	退出偏移命令
	_mirror↙	调用镜像命令
	选择对象:指定对角点:找到4个	旋转镜像对象(4条圆弧)
	指定镜像线的第一点:指定镜像线的第二点:	自动捕捉圆弧的端点作为镜像点
	要删除源对象吗?[是(Y)/否(N)]<N>:↙	结束镜像命令
	_mirror↙	调用镜像命令
	选择对象:指定对角点:找到4个	旋转镜像对象(8条圆弧)
	指定镜像线的第一点:指定镜像线的第二点:	自动捕捉直线的中点作为镜像点
	要删除源对象吗?[是(Y)/否(N)]<N>:↙	结束镜像命令
步骤4 调整基站 示意图	命令:_scale↙	调用缩放命令
	选择对象:指定对角点:找到24个	选择对象(基站示意图)
	选择对象:	
	指定基点:	指定正方形左下角为基点
	指定比例因子或[复制(C)/参照(R)]:0.5↙	
	命令:_copy↙	输入比例因子值0.5,结束镜像命令
	选择对象:指定对角点:找到24个	调用复制命令
	选择对象:	选择对象(基站示意图)
	当前设置:复制模式=多个	
	指定基点或[位移(D)/模式(O)]<位移>:	指定正方形左下角为基点
	指定第二个点或[阵列(A)]<使用第一个点作为 位移>:	指定任意点为第2点,完成图形复制

续表

操作步骤	操作过程	操作说明
步骤4 调整基站 示意图	指定第二个点或[阵列(A)/退出(E)/放弃(U)] <退出>:↙ 命令:_move↙ 选择对象:找到24个 选择对象: 指定基点或[位移(D)]<位移>: 指定第二个点或<使用第一个点作为位移>:↙ 命令: MOVE 选择对象:找到24个 选择对象: 指定基点或[位移(D)]<位移>: 指定第二个点或<使用第一个点作为位移>:↙ 命令:_line↙ 指定第一个点: 指定下一点或[放弃(U)]: 指定下一点或[放弃(U)]:↙ 命令: LINE 指定第一个点: 指定下一点或[放弃(U)]: 指定下一点或[放弃(U)]:↙	结束复制命令 调用移动命令 选择对象(基站示意图) 指定正方形左下角为基点 拖动鼠标至合适位置,指定为第2点,重新调用 移动命令 选择对象(基站示意图) 指定正方形左下角为基点 拖动鼠标至合适位置,指定为第2点,完成 移动 调用直线命令 自动捕捉人孔中点作为直线起点 自动捕捉正方形中点作为直线端点 重新调用直线命令 自动捕捉人孔中点作为直线起点 自动捕捉正方形中点作为直线端点 结束直线命令

以上各步骤的绘制效果如图7-2所示。

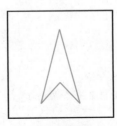

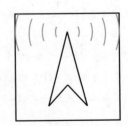

(a) 步骤1绘制效果　　　(b) 步骤2绘制效果　　　(c) 步骤3绘制效果

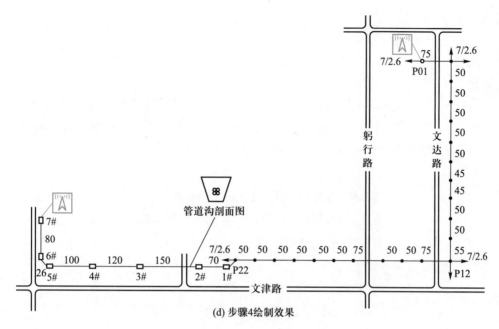

(d) 步骤4绘制效果

图7-2　基站示意图各步骤绘制效果

7.4　知识解读

7.4.1　分解命令

1. 应用范围

分解命令可用于将某些特殊的对象分解成多个独立的部分,以便于更具体地进行编辑。该命令主要用于将复合对象,如矩形、多段线、块等,还原成单个对象。

2. 调用方法

- 菜单栏:选择【修改】|【分解】菜单命令。
- 面板:单击【修改】面板中的【分解】按钮 。
- 命令行:输入 EXPLODE(X)。

3. 操作步骤

① 调用分解命令。

② 选择需要分解的对象。

③ 按 Enter 键确认。

微课
圆弧命令

测验
圆弧命令随堂
测验

微课
三点法绘制
圆弧

7.4.2 圆弧命令

1. 应用范围

圆弧是与其等半径的圆的一部分。绘制圆弧的方法有多种,通常是选择指定三点,即圆弧的起点、第2点、端点;还可以指定圆弧的角度、半径和弦长,弦长是指圆弧两个端点之间的直线段的长度。

2. 调用方法

- 菜单栏:选择【绘图】|【圆弧】菜单命令。
- 面板:单击【绘图】面板中的【圆弧】按钮。
- 命令行:输入 ARC(A)。

3. 操作步骤

(1) 三点法

三点法绘制圆弧的基本操作步骤如图7-3所示。

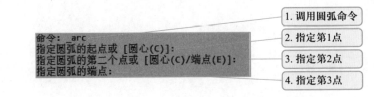

图7-3 三点法绘制圆弧操作步骤

绘制效果如图7-4所示。

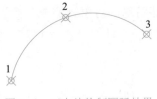

图7-4 三点法绘制圆弧效果

(2) 连续法

连续法绘制圆弧的基本操作步骤如图7-5所示。

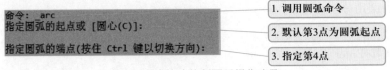

图7-5 连续法绘制圆弧操作步骤

绘制效果如图 7-6 所示。

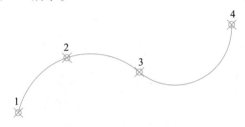

图 7-6 连续法绘制圆弧效果

（3）起点+圆心+端点

起点+圆心+端点法绘制圆弧的基本操作步骤如图 7-7 所示。

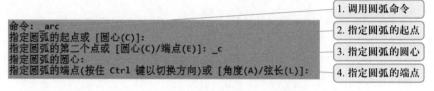

图 7-7 起点+圆心+端点法绘制圆弧操作步骤

绘制效果如图 7-8 所示。

图 7-8 起点+圆心+端点法绘制圆弧效果

（4）起点+圆心+角度

起点+圆心+角度法绘制圆弧的基本操作步骤如图 7-9 所示。

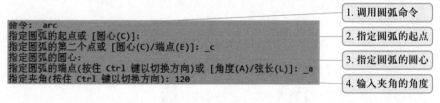

图 7-9 起点+圆心+角度法绘制圆弧操作步骤

绘制效果如图 7-10 所示。

（5）起点+圆心+弦长

起点+圆心+弦长法绘制圆弧的基本操作步骤如图 7-11 所示。

绘制效果如图 7-12 所示。

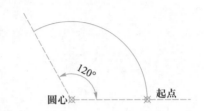

图7-10 起点+圆心+角度法绘制圆弧效果

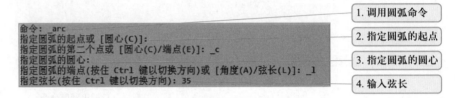

图7-11 起点+圆心+弦长法绘制圆弧操作步骤

微课

起点+端点法
绘制圆弧

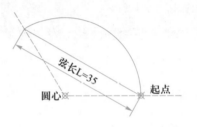

图7-12 起点+圆心+弦长法绘制圆弧效果

微课

缩放命令

测验

缩放命令随堂
测验

7.4.3 缩放命令

1. 应用范围

缩放命令用于将已有图形对象以基点为参照进行等比例缩放,它可以调整对象的大小,使其在一个方向上按要求增大或缩小一定的比例。在调用命令的过程中,需要确定的参数有缩放对象、基点和比例因子。比例因子也就是缩小或放大的比例值:比例因子大于1时,放大图形;比例因子小于1时,则缩小图形。

2. 调用方法

- 菜单栏:选择【修改】|【缩放】菜单命令。
- 面板:单击【修改】面板中的【缩放】按钮。
- 命令行:输入 SCALE(SC)。

3. 操作步骤

以矩形中内接圆的缩放为例,缩放命令的操作步骤如图7-13所示。

图形缩放前后的效果如图7-14所示。

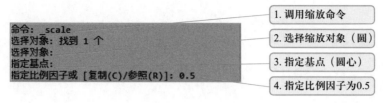

图 7-13 缩放命令操作步骤

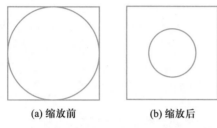

(a) 缩放前　　　　(b) 缩放后

图 7-14 图形缩放前后效果

7.5 拓展案例

素材
缩放命令

微课
传输设备内时钟示意图绘制

案例1 利用圆命令和圆弧命令绘制传输设备内时钟示意图,如图 7-15 所示。

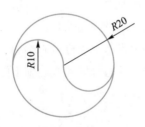

图 7-15 传输设备内时钟示意图

素材
传输设备内时钟示意图

微课
落地式交接箱示意图绘制

案例2 利用直线命令、填充命令和缩放命令绘制落地式交接箱示意图,如图 7-16 所示。

落地式交接箱

图 7-16 落地式交接箱示意图

素材
落地式交接箱示意图

参考资料
任务7 拓展案例3

任务8
参照物绘制

教学指南
任务8教学设计

学习指南
任务8任务单

PPT
任务8教学课件

竞赛
任务8知识抢答

 知识目标

● 掌握椭圆命令的操作方法
● 掌握椭圆弧命令的操作方法
● 掌握样条曲线命令的操作方法

 能力目标

● 完成参照物的绘制
● 完成电源监控符的绘制
● 完成河流示意图的绘制
● 完成传输设备节点符号的绘制（可选）
● 完成光缆纤芯分配图的绘制（可选）

8.1 任务描述

　　小王在完成×××学院通信基站光缆接入线路工程的架空线路、管道线路及基站示意图的绘制后,需要将路由边上的参照物绘制出来,以便于后期施工人员找到工程地理位置。本任务要求小王在任务7基站示意图绘制的基础上继续绘制如图8-1所示的苗圃、池塘等参照物,并将其保存在计算机桌面上以"学号+姓名"命名的文件夹中,文件名的命名规则为:学号+姓名+"任务8参照物绘制"。

素材
参照物

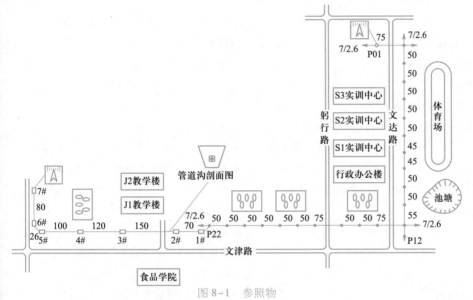

图 8-1　参照物

8.2 任务分析

　　观察图8-1可知,参照物主要包括建筑物、苗圃、池塘、体育场等。建筑物主要由矩形组成,苗圃主要由外框及内部的椭圆组成,池塘主要由池塘外围和内围组成,体育场主要由跑道组成。因此,在具体实现过程中,首先利用矩形命令绘制建筑物,然后利用矩形和椭圆命令绘制苗圃,接着利用样条曲线命令绘制池塘,最后利用直线命令和圆弧命令绘制体育场。

微课
参照物绘制

8.3 任务实施

　　在任务分析的基础上,利用矩形命令、分解命令、直线命令、偏移命令、镜像命令、椭圆命令、样条曲线命令等绘制参照物,具体步骤如表8-1所示。

测验
参照物绘制随
堂测验

表 8-1　参照物绘制步骤

操作步骤	操作过程	操作说明
步骤1 绘制建筑物	命令:_rectang↙	调用矩形命令
	指定第一个角点或[倒角(C)/标高(E)/圆角(F)/厚度(T)/宽度(W)]:	指定任意角点
	指定另一个角点或[面积(A)/尺寸(D)/旋转(R)]:d↙	输入 d,选择"尺寸"绘制矩形方式
	指定矩形的长度<10.0000>:120↙	输入矩形的长度值120
	指定矩形的宽度<10.0000>:40↙	输入矩形的宽度值40
	指定另一个角点或[面积(A)/尺寸(D)/旋转(R)]:	单击确定矩形的方向,结束矩形命令
	命令:_copy↙	调用复制命令
	选择对象:找到 1 个	选择对象("P01")
	选择对象:	
	当前设置:复制模式=多个	
	指定基点或[位移(D)/模式(O)]<位移>:	任意指定基点
	指定第二个点或[阵列(A)]<使用第一个点作为位移>:	将图形移动到第 1 个矩形中心,单击
	指定第二个点或[阵列(A)/退出(E)/放弃(U)]<退出>:↙	结束复制命令
	命令:	双击刚复制的文本框("P01")
	命令:	编辑文字内容,改为"S3 实训中心"
	命令:	
	命令:_mtedit	单击空白处,完成文字编辑
	命令:_copy↙	调用复制命令
	选择对象:找到 1 个	选择对象(刚复制的矩形及文字)
	选择对象:	
	当前设置:复制模式=多个	
	指定基点或[位移(D)/模式(O)]<位移>:	任意指定基点
	指定第二个点或[阵列(A)]<使用第一个点作为位移>:	将图形移动到第 1 个矩形下方,单击
	指定第二个点或[阵列(A)]<使用第一个点作为位移>:	将图形移动到第 2 个矩形下方,单击
	指定第二个点或[阵列(A)]<使用第一个点作为位移>:	将图形移动到第 3 个矩形下方,单击
	指定第二个点或[阵列(A)]<使用第一个点作为位移>:	将图形移动到第 3 个人孔上方,单击

续表

操作步骤	操作过程	操作说明
步骤1 绘制建筑物	指定第二个点或[阵列(A)]<使用第一个点作为位移>：	将图形移动到第5个矩形上方,单击
	指定第二个点或[阵列(A)]<使用第一个点作为位移>：	将图形移动到文津路下方,单击
	指定第二个点或[阵列(A)/退出(E)/放弃(U)]<退出>：↙	结束复制命令
	命令：	双击刚复制的文本框("S3 实训中心")
	命令：	编辑文字内容,改为"S2 实训中心"
	命令：	
	命令：_mtedit	单击空白处,完成文字编辑
	重复以上文字编辑命令,完成其他相关文字的编辑	
步骤2 绘制苗圃	命令：_rectang↙	调用矩形命令
	指定第一个角点或[倒角(C)/标高(E)/圆角(F)/厚度(T)/宽度(W)]：	指定任意角点
	指定另一个角点或[面积(A)/尺寸(D)/旋转(R)]：d↙	输入 d,选择"尺寸"绘制矩形方式
	指定矩形的长度<10.0000>：90↙	输入矩形的长度值90
	指定矩形的宽度<10.0000>：60↙	输入矩形的宽度值60
	指定另一个角点或[面积(A)/尺寸(D)/旋转(R)]：	单击确定矩形的方向,结束矩形命令
	命令：_explode↙	调用分解命令
	选择对象：找到 1 个↙	选择刚刚绘制的矩形
	选择对象：	结束分解命令
	命令：_offset↙	调用偏移命令
	当前设置:删除源=否 图层=源 OFFSETGAPTYPE=0	
	指定偏移距离或[通过(T)/删除(E)/图层(L)]<11.2500>：20↙	输入偏移距离值20
	选择要偏移的对象,或[退出(E)/放弃(U)]<退出>：	选择偏移对象(矩形上边)
	指定要偏移的那一侧上的点,或[退出(E)/多个(M)/放弃(U)]<退出>：	指定偏移方向(矩形上边下方)
	选择要偏移的对象,或[退出(E)/放弃(U)]<退出>：	选择偏移对象(矩形下边)

续表

操作步骤	操作过程	操作说明
	指定要偏移的那一侧上的点,或[退出(E)/多个(M)/放弃(U)]<退出>:	指定偏移方向(矩形下边上方)
	选择要偏移的对象,或[退出(E)/放弃(U)]<退出>:↙	结束偏移命令
	命令:_divide	调用定数等分命令
	选择要定数等分的对象:	选择等分对象(矩形内上边直线)
	输入线段数目或[块(B)]:4↙	输入分段数值4,重新调用定数等分命令
	命令:	
	DIVIDE	
	选择要定数等分的对象:	选择等分对象(矩形内下边直线)
	输入线段数目或[块(B)]:3↙	输入分段数值3,结束定数等分命令
	命令:_ellipse↙	调用椭圆命令
	指定椭圆的轴端点或[圆弧(A)/中心点(C)]:_c	自动捕捉节点作为中心点
	指定椭圆的中心点:	
	指定轴的端点:5↙	输入短轴半径值5
	指定另一条半轴长度或[旋转(R)]:10↙	输入短轴或长轴半径值10,完成椭圆绘制
	命令:_copy↙	调用复制命令
步骤2 绘制苗圃	选择对象:找到1个	选择对象(椭圆)
	选择对象:	
	当前设置:复制模式=多个	
	指定基点或[位移(D)/模式(O)]<位移>:	捕捉椭圆圆心
	指定第二个点或[阵列(A)]<使用第一个点作为位移>:	自动捕捉节点,单击
	指定第二个点或[阵列(A)/退出(E)/放弃(U)]<退出>:	自动捕捉节点,单击
	指定第二个点或[阵列(A)/退出(E)/放弃(U)]<退出>:	自动捕捉节点,单击
	指定第二个点或[阵列(A)/退出(E)/放弃(U)]<退出>:	自动捕捉节点,单击
	指定第二个点或[阵列(A)/退出(E)/放弃(U)]<退出>:↙	结束复制命令
	命令:_.erase 找到7个↙	删除两条辅助直线和节点
	命令:_copy↙	调用复制命令
	选择对象:指定对角点:找到9个	选择对象(苗圃)
	选择对象:	
	当前设置:复制模式=多个	

操作步骤	操作过程	操作说明
步骤2 绘制苗圃	指定基点或[位移(D)/模式(O)]<位移>： 指定第二个点或[阵列(A)]<使用第一个点作为位移>： 指定第二个点或[阵列(A)/退出(E)/放弃(U)]<退出>： 指定第二个点或[阵列(A)/退出(E)/放弃(U)]<退出>： 指定第二个点或[阵列(A)/退出(E)/放弃(U)]<退出>：↙ 命令：_rotate↙ UCS 当前的正角方向：ANGDIR = 逆时针 ANG-BASE = 0 选择对象：指定对角点：找到9个 选择对象： 指定基点： 指定旋转角度，或[复制(C)/参照(R)]<0>：90↙	单击任意点 移动到合适位置,单击 移动到合适位置,单击 移动到合适位置,单击 结束复制命令 调用旋转命令 选择最后复制的苗圃 自动捕捉苗圃的左下角作为基点 输入旋转角度值90,结束旋转命令
步骤3 绘制池塘	命令：_SPLINE↙ 当前设置：方式＝拟合节点＝弦 指定第一个点或[方式(M)/节点(K)/对象(O)]：_M 输入样条曲线创建方式[拟合(F)/控制点(CV)]<拟合>：_FIT 当前设置：方式＝拟合 节点＝弦 指定第一个点或[方式(M)/节点(K)/对象(O)]： 输入下一个点或[起点切向(T)/公差(L)]：<正交 关> 输入下一个点[端点相切(T)/公差(L)/放弃(U)]： 输入下一个点或[端点相切(T)/公差(L)/放弃(U)/闭合(C)]： 输入下一个点或[端点相切(T)/公差(L)/放弃(U)/闭合(C)]：	调用样条曲线命令 任意指定起点 任意指定下一点 任意指定下一点 任意指定下一点 任意指定下一点 任意指定下一点

操作步骤	操作过程	操作说明
步骤3 绘制池塘	输入下一个点或[端点相切(T)/公差(L)/放弃(U)/闭合(C)]:c↙	输入c,实现图形闭合
	命令:_line↙	调用直线命令
	指定第一个点:	自动捕捉最近点
	指定下一点或[放弃(U)]:	任意指定下一点
	指定下一点或[放弃(U)]:↙	结束直线命令
	重复以上命令,完成池塘内部绘制	
步骤4 绘制体育场	命令:_line	调用直线命令
	指定第一个点:	指定任意点作为直线起点
	指定下一点或[放弃(U)]:120	输入直线长度值120
	指定下一点或[放弃(U)]:80	输入直线长度值80
	指定下一点或[闭合(C)/放弃(U)]:120	输入直线长度值120
	指定下一点或[闭合(C)/放弃(U)]:	结束直线命令
	命令:_arc	调用圆弧命令
	指定圆弧的起点或[圆心(C)]:	自动捕捉直线的端点作为圆弧的起点
	指定圆弧的第二个点或[圆心(C)/端点(E)]:_c	自动捕捉直线的中点作为圆弧的圆心
	指定圆弧的圆心:	
	指定圆弧的端点(按住Ctrl键以切换方向)或[角度(A)/弦长(L)]:	自动捕捉直线的端点作为圆弧的端点
	命令:_offset	调用偏移命令
	当前设置:删除源=否 图层=源 OFFSETGAPTYPE=0	
	指定偏移距离或[通过(T)/删除(E)/图层(L)]<20.0000>:	输入偏移距离值20
	选择要偏移的对象,或[退出(E)/放弃(U)]<退出>:	选择偏移对象(体育场左边直线)
	指定要偏移的那一侧上的点,或[退出(E)/多个(M)/放弃(U)]<退出>:	指定偏移方向(体育场内部)
	选择要偏移的对象,或[退出(E)/放弃(U)]<退出>:	选择偏移对象(体育场右边直线)
	指定要偏移的那一侧上的点,或[退出(E)/多个(M)/放弃(U)]<退出>:	指定偏移方向(体育场内部)
	选择要偏移的对象,或[退出(E)/放弃(U)]<退出>:	选择偏移对象(圆弧)
	指定要偏移的那一侧上的点,或[退出(E)/多个(M)/放弃(U)]<退出>:	指定偏移方向(圆弧下方)
	选择要偏移的对象,或[退出(E)/放弃(U)]<退出>:	结束偏移命令

续表

操作步骤	操作过程	操作说明
步骤4 绘制体育场	命令:_mirror 选择对象:指定对角点:找到6个 选择对象: 指定镜像线的第一点:指定镜像线的第二点: 要删除源对象吗?［是(Y)/否(N)］<N>:	调用镜像命令 选择镜像对象(半个操场) 指定镜像轴线 不删除源对象,结束镜像命令

以上各步骤的绘制效果如图8-2所示。

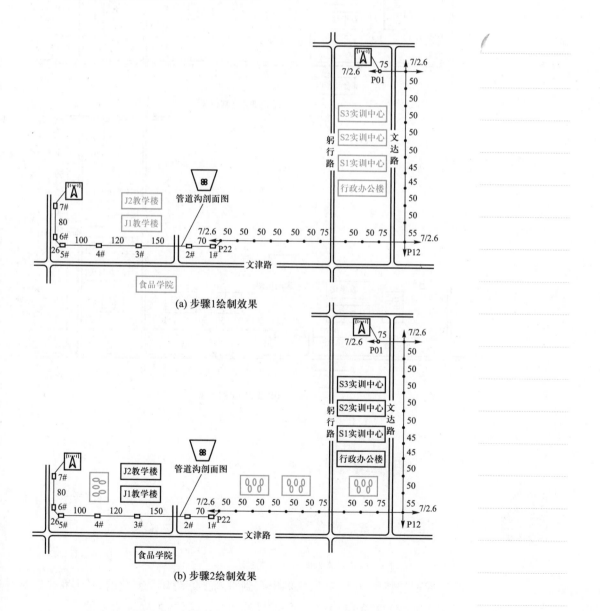

(a) 步骤1绘制效果

(b) 步骤2绘制效果

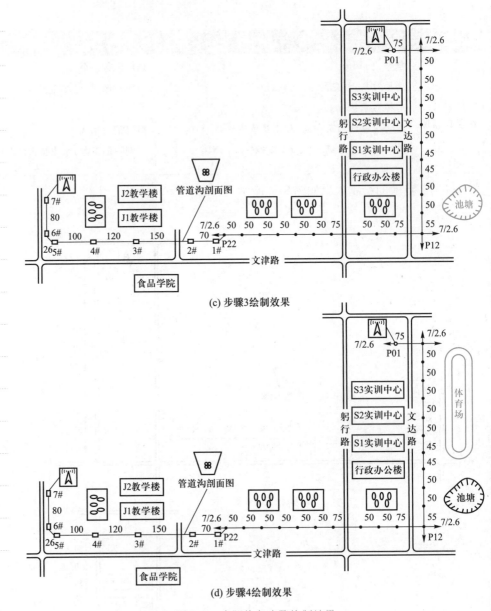

(c) 步骤3绘制效果

(d) 步骤4绘制效果

图8-2 参照物各步骤绘制效果

微课
椭圆命令

测验
椭圆命令随堂
测验

8.4 知识解读

8.4.1 椭圆命令

1. 应用范围

椭圆是特殊样式的圆,它的中心到圆周上的距离是变化的,其形状由定义其长度和宽度的两条轴决定,较长的轴称为长轴,较短的轴称为短轴。

2. 调用方法

• 菜单栏：选择【绘图】|【椭圆】菜单命令。

• 面板：单击【绘图】面板中的【椭圆】按钮 。

• 命令行：输入 ELLIPSE（EL）。

3. 操作步骤

（1）圆心法

圆心法是指通过指定椭圆的中心点、一条轴的一个端点及另外一条轴的半轴长度来绘制椭圆，基本操作步骤如图8-3所示。

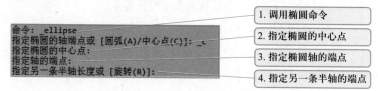

图8-3 圆心法绘制椭圆操作步骤

绘制效果如图8-4所示。

图8-4 圆心法绘制椭圆效果

（2）轴+端点法

轴+端点法绘制椭圆是指通过指定椭圆一条轴的两个端点及另外一条轴的半轴长度来绘制椭圆，基本操作步骤如图8-5所示。

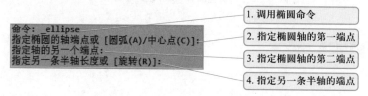

图8-5 轴+端点法绘制椭圆操作步骤

绘制效果如图8-6所示。

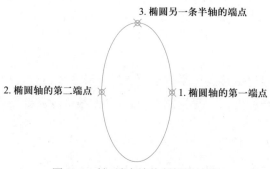

图8-6 轴+端点法绘制椭圆效果

8.4.2 椭圆弧命令

1. 应用范围

椭圆弧是椭圆的一部分,绘制椭圆弧需要确定的参数包括椭圆弧所在椭圆的两条轴长及椭圆弧的起点和终点的角度。

2. 调用方法

- 菜单栏:选择【绘图】|【椭圆】|【椭圆弧】菜单命令。
- 面板:单击【绘图】面板中的【椭圆弧】按钮 。
- 命令行:输入 ELLIPSE(EL)。

3. 操作步骤

绘制椭圆弧的基本操作步骤如图8-7所示。

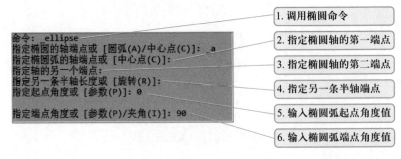

图8-7 绘制椭圆弧操作步骤

绘制效果如图8-8所示。

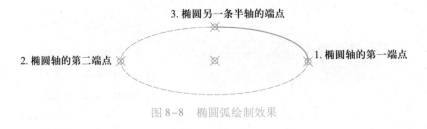

图8-8 椭圆弧绘制效果

8.4.3 样条曲线命令

1. 应用范围

样条曲线是经过或接近一系列给定点的平滑曲线,它可以自由编辑,以及控制曲线与点的拟合程度。在工程图纸中,样条曲线命令主要用来绘制水体、地形图等。

2. 调用方法

- 菜单栏:选择【绘图】|【样条曲线】菜单命令。

- 面板:单击【绘图】面板中的【样条曲线】按钮 。
- 命令行:输入 SPLINE(SPL)。

3. 操作步骤

以绘制一个如图 8-9 所示的 S 图形为例,
样条曲线命令的操作步骤如下。

① 调用样条曲线命令。

② 依次指定第 1 点至第 8 点。

样条曲线命令各选项的含义如下。

- 闭合(C):将样条曲线的端点与起点
  闭合。
- 公差(L):定义样条曲线的偏差值。值
  越大,离控制点越远,曲线越平滑。
- 端点相切(T):定义样条曲线的起点和
  结束点的切线方向。

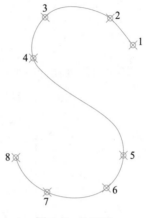

图 8-9　S 图形

8.5　拓展案例

案例 1　利用直线命令和椭圆命令完成电源监控符的绘制,如图 8-10
所示。

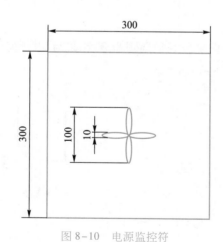

图 8-10　电源监控符

案例 2　利用直线命令和样条曲线命令完成河流示意图的绘制,如图 8-11
所示。

微课
河流示意图
绘制

素材
河流示意图

微课
传输设备节点
符号绘制

素材
传输设备节点
符号

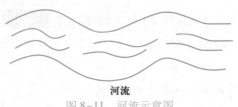
河流
图 8-11 河流示意图

*案例 3 利用正方形命令、圆命令和椭圆命令完成传输设备节点符号的绘制,如图 8-12 所示。

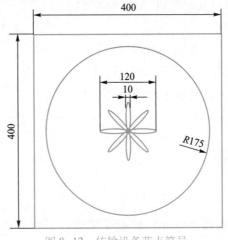
图 8-12 传输设备节点符号

微课
光缆纤芯分配
图绘制

素材
光缆纤芯分
配图

*案例 4 利用直线命令和椭圆命令完成 24 芯光缆纤芯分配图的绘制,如图 8-13所示。

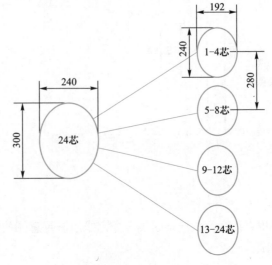
图 8-13 24 芯光缆纤芯分配图

任务9
辅助说明添加

知识目标

- 掌握表格样式的设置方法
- 掌握创建表格的方法

能力目标

- 完成主要工程量表的绘制
- 完成说明文字的输入
- 完成图例的绘制
- 完成主要材料表的绘制

教学指南
任务9教学设计

学习指南
任务9任务单

PPT
任务9教学课件

竞赛
任务9知识抢答

9.1 任务描述

小王在完成×××学院通信基站光缆接入线路工程路由图的绘制之后,为了便于后期施工人员施工,需要在图形中增加材料量化参数、图形符号含义以及其他注意事项等必要说明。为此,需要添加主要工程量表、图例、说明等内容。本任务要求小王在任务 8 参照物绘制的基础上继续添加如图 9-1 所示的主要工程量表、图例和说明,并将其保存在计算机桌面上以"学号+姓名"命名的文件夹中,文件名的命名规则为:学号+姓名+"任务 9 辅助说明添加"。

素材
辅助说明

	A	B	C	D
1	主要工程量表			
2	序号	项目名称	单位	数量
3	1	管道光缆工程施工测量	百米	5
4	2	架空光缆工程施工测量	百米	10
5	3	直埋光缆工程施工测量	百米	0.100
6	4	敷设管道光缆36芯以下	千米条	0.500
7	5	架设架空光缆(平原)36芯以下	千米条	1.055
8	6	敷设直埋36芯以下	千米条	0.010
9	7	立9 m以下水泥杆(综合土)	根	21
10	8	水泥杆夹板法安装7/2.6拉线	条	6
11	9	水泥杆架设7/2.2吊线(平原)	千米条	1.055
12	10	安装引上钢管(杆上)	根	1
13	11	安装引上钢管(墙上)	根	1
14	12	穿放引上光缆	条	2
15	13	人孔抽水(积水)	个	7
16	14	进局光缆防水封堵	处	2
17	15	桥架内明布光缆	百米	0.400
18	16	光缆成端接头	芯	48
19	17	40 km以下光缆中继段测试(24芯)	中继段	1

说明:
1. 本期工程从S6基站-西湖基站新布放24芯光缆一根。
2. 新建水泥杆高度为8 m,土质为综合土。
3. 敷设吊线程式为7/2.2。
4. 进局光缆需做防水封堵。

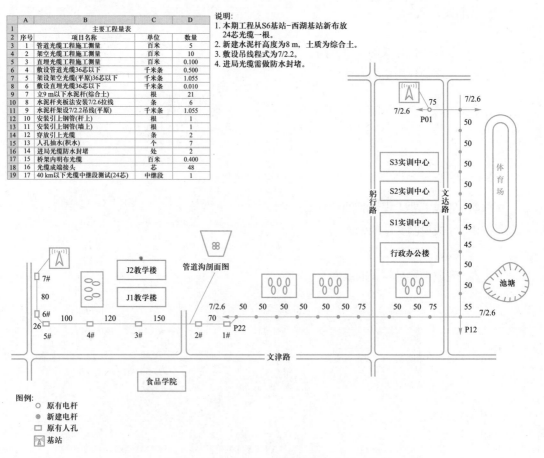

图例:
○ 原有电杆
● 新建电杆
□ 原有人孔
基站

图 9-1 辅助说明

9.2 任务分析

由图 9-1 可知,该基站光缆接入线路工程路由图的辅助说明包括主要工程量表、说明和图例三部分。主要工程量表就是一张表格,说明主要是文字内容,图例由原有图形组成。因此,在具体实现过程中,首先利用表格命令绘制主要工程量表,然后利用文字命令输入说明文字,最后利用复制命令、缩放命令和文字命令完成图例绘制。

微课
辅助说明添加

测验
辅助说明添加
随堂测验

9.3 任务实施

在任务分析的基础上,利用表格样式命令、表格命令、文字命令、复制命令、缩放命令等添加辅助说明,具体步骤如表 9-1 所示。

表 9-1　辅助说明绘制步骤

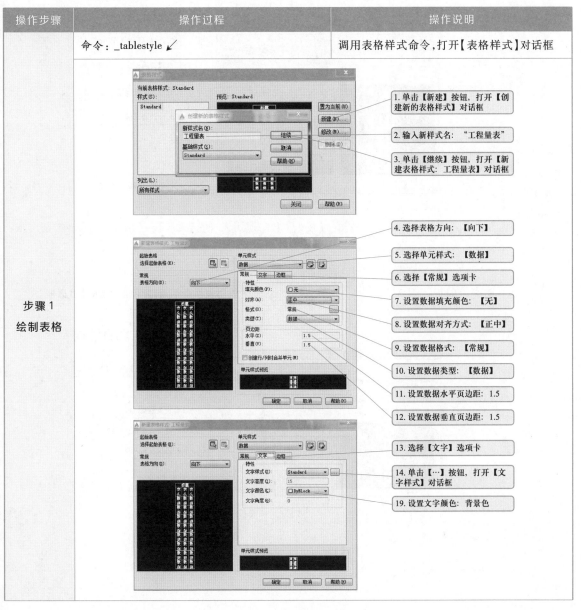

操作步骤	操作过程	操作说明
步骤 1 绘制表格	命令:_tablestyle ↙	调用表格样式命令,打开【表格样式】对话框
		1.单击【新建】按钮,打开【创建新的表格样式】对话框
		2.输入新样式名:"工程量表"
		3.单击【继续】按钮,打开【新建表格样式:工程量表】对话框
		4.选择表格方向:【向下】
		5.选择单元样式:【数据】
		6.选择【常规】选项卡
		7.设置数据填充颜色:【无】
		8.设置数据对齐方式:【正中】
		9.设置数据格式:【常规】
		10.设置数据类型:【数据】
		11.设置数据水平页边距:1.5
		12.设置数据垂直页边距:1.5
		13.选择【文字】选项卡
		14.单击【…】按钮,打开【文字样式】对话框
		19.设置文字颜色:背景色

续表

操作步骤	操作过程	操作说明

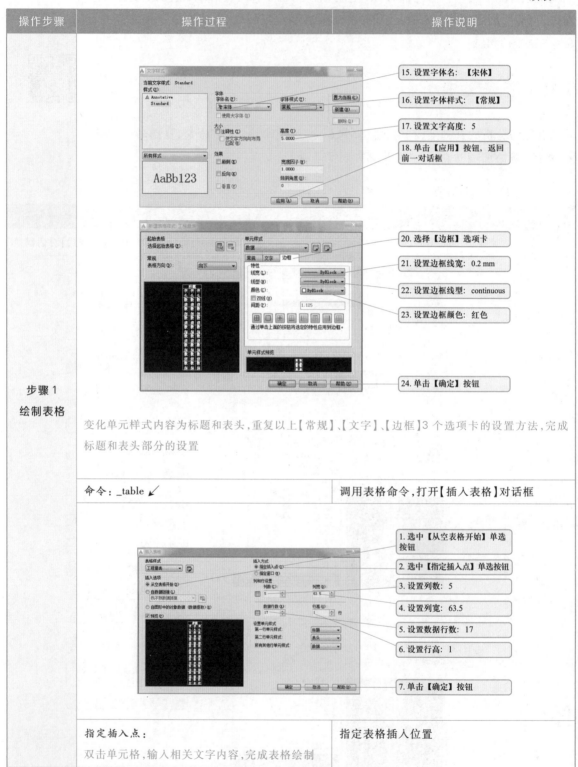

步骤1
绘制表格

15. 设置字体名：【宋体】
16. 设置字体样式：【常规】
17. 设置文字高度：5
18. 单击【应用】按钮，返回前一对话框
20. 选择【边框】选项卡
21. 设置边框线宽：0.2 mm
22. 设置边框线型：continuous
23. 设置边框颜色：红色
24. 单击【确定】按钮

变化单元样式内容为标题和表头，重复以上【常规】、【文字】、【边框】3 个选项卡的设置方法，完成标题和表头部分的设置

命令：_table ✓	调用表格命令，打开【插入表格】对话框

1. 选中【从空表格开始】单选按钮
2. 选中【指定插入点】单选按钮
3. 设置列数：5
4. 设置列宽：63.5
5. 设置数据行数：17
6. 设置行高：1
7. 单击【确定】按钮

指定插入点： 双击单元格，输入相关文字内容，完成表格绘制	指定表格插入位置

操作步骤	操作过程	操作说明
步骤2 添加说明 文字	命令:_mtext↙	调用文字命令
	指定第一角点:	任意指定文本框第一角点
	指定对角点或[高度(H)/对正(J)/行距(L)/旋转(R)/样式(S)/宽度(W)/栏(C)]:	任意指定文本框对角点
	输入相关文本内容,空白处单击	完成文本内容输入
步骤3 绘制图例	命令:	选中 P01 电杆
	命令:	
	命令:_copyclip 找到 1 个	按 Ctrl+C 组合键
	命令:	按 Ctrl+V 组合键
	命令:	
	命令:_pasteclip 指定插入点:	指定插入点(文津路下方)
	命令:	选中 P22 电杆
	命令:	
	命令:_copyclip 找到 2 个	按 Ctrl+C 组合键
	命令:	按 Ctrl+V 组合键
	命令:	
	命令:_pasteclip 指定插入点:	指定插入点(复制的 P01 电杆下方)
	命令:	选中 4#人孔
	命令:	
	命令:_copyclip 找到 1 个	按 Ctrl+C 组合键
	命令:	按 Ctrl+V 组合键
	命令:	
	命令:_pasteclip 指定插入点:	指定插入点(复制的 P22 电杆下方)
	命令:	选中一个基站示意图
	命令:	
	命令:_copyclip 找到 24 个	按 Ctrl+C 组合键
	命令:	按 Ctrl+V 组合键
	命令:	
	命令:_pasteclip 指定插入点:	指定插入点(复制的 4#人孔下方)
	命令:_scale	调用缩放命令
	选择对象:指定对角点:找到 24 个	选择复制的基站示意图
	选择对象:	
	指定基点:	指定基点(基站的左下角)
	指定比例因子或[复制(C)/参照(R)]:0.4	输入比例因子值0.4,结束缩放命令
	命令:	选中"文津路"文本框
	命令:	

操作步骤	操作过程	操作说明
步骤3 绘制图例	命令:_copyclip 找到 1 个	按 Ctrl+C 组合键
	命令:	按 Ctrl+V 组合键
	命令:	
	命令:_pasteclip 指定插入点:	指定插入点(复制的 P01 电杆左上方)
	命令:	按 Ctrl+V 组合键
	命令:	
	命令:_pasteclip 指定插入点:	指定插入点(复制的 P01 电杆右侧)
	命令:	按 Ctrl+V 组合键
	命令:	
	命令:_pasteclip 指定插入点:	指定插入点(复制的 P22 电杆右侧)
	命令:	按 Ctrl+V 组合键
	命令:	
	命令:_pasteclip 指定插入点:	指定插入点(复制的 4#人孔右侧)
	命令:	按 Ctrl+V 组合键
	命令:	
	命令:_pasteclip 指定插入点:	指定插入点(复制的基站示意图右侧)
	命令:	双击复制的文本框
	命令:	
	命令:_mtedit	按照要求,编辑文本内容
	重复以上文本编辑命令,完成图例中相关文字的输入	

以上各步骤的绘制效果如图 9-2 所示。

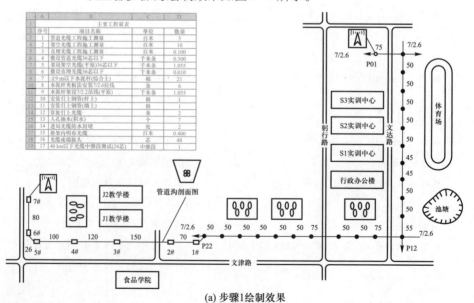

(a) 步骤1绘制效果

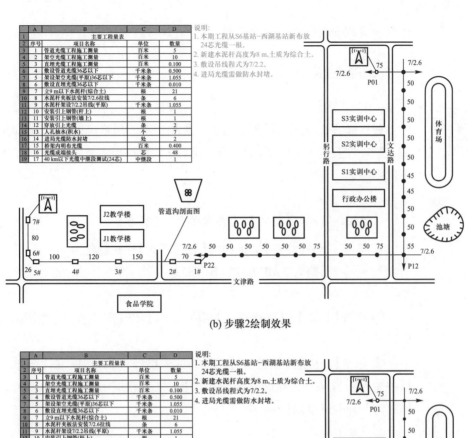

(b) 步骤2绘制效果

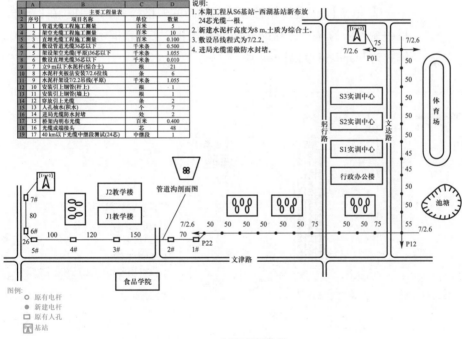

(c) 步骤3绘制效果

图 9-2 辅助说明各步骤绘制效果

9.4 知识解读

表格在各类制图中的运用非常普遍,使用 AutoCAD 2019 的表格功能,可以由空表格或表格样式创建表格对象,还可以将表格链接至 Excel 电子表格。

9.4.1 表格样式

1. 应用范围

表格样式命令用于控制表格的格式和外观。用户可以使用 Standard 表格样式,或者创建自己的表格样式。在一张图纸中,可以定义多种表格样式,以适应不同的需要。

2. 调用方法

- 菜单栏:选择【格式】|【表格样式】菜单命令。
- 面板:单击【注释】面板中的【表格样式】按钮 。
- 命令行:输入 TABLESTYLE(TS)。

3. 操作步骤

① 选择【格式】|【表格样式】菜单命令,打开【表格样式】对话框,如图 9-3 所示。

② 单击【新建】按钮,打开【创建新的表格样式】对话框,在【新样式名】文本框中输入新的样式名称;在【基础样式】下拉列表框中选择基础样式,默认基础样式为 Standard,如图 9-4 所示。

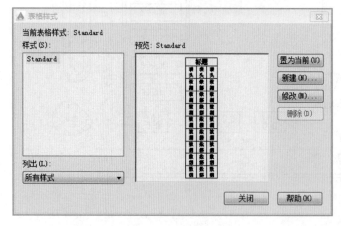

图 9-3 【表格样式】对话框

图 9-4 【创建新的表格样式】对话框

③ 单击【继续】按钮,打开【新建表格样式】对话框,在该对话框中可以设置起始表格、表格方向、单元样式,如图 9-5 所示。

④ 在【起始表格】选项组中单击【选择表格】按钮 ,可以将指定表格作为当前表格样式,在绘图区选择一个表格后,对话框的预览区中会显示表格样式设置效果,如图 9-6 所示。

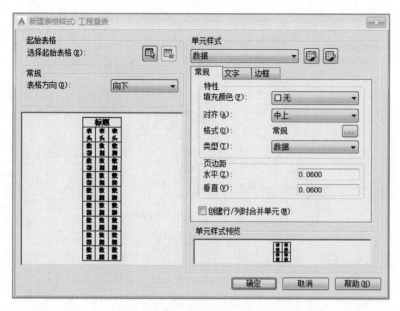

图9-5 【新建表格样式】对话框

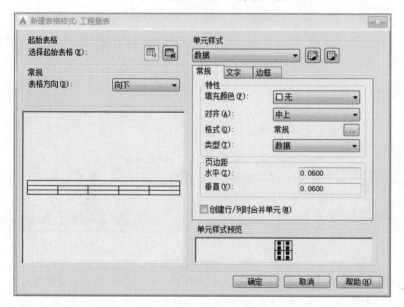

图9-6 选择表格作为当前表格样式

⑤ 在【单元样式】选项组中,可在【单元样式】下拉列表中选择表格中的单元样式,包括【标题】、【表头】、【数据】等,如图9-7所示。

⑥ 在【单元样式】选项组中单击【创建单元样式】按钮 ,可以打开如图9-8所示的【创建新单元样式】对话框,从中可指定新单元样式的名称和新单元样式所基于的现有单元样式。

在【单元样式】选项组中单击【管理单元样式】按钮 ,可以打开如图9-9所示的【管理单元样式】对话框。

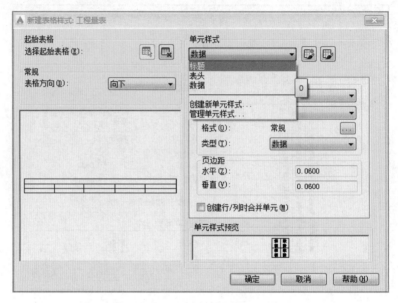

图 9-7 选择单元样式

图 9-8 【创建新单元样式】对话框　　图 9-9 【管理单元样式】对话框

⑦ 根据从【单元样式】下拉列表中选择的【标题】、【表头】、【数据】,可以分别在【常规】选项卡、【文字】选项卡、【边框】选项卡中设置表格单元、单元文字和单元边框的外观。

在如图 9-10 所示的【常规】选项卡中,可设置表格单元特性。该选项卡中各选项的含义如下。

- 填充颜色:利用该下拉列表框可设置表格单元的背景色,默认为【无】。若选择【选择颜色】选项,可打开【选择颜色】对话框,以选择其他颜色。
- 对齐:利用该下拉列表框可设置表格单元中文字的对正和对齐方式。文字可相对于单元的顶部边框和底部边框进行居中对齐、上对齐或下对齐,相对于单元的左边框和右边框进行居中对正、左对正或右对正。

- 格式：为表格中的数据、表头、标题、行设置数据类型和格式。单击【格式】选项右侧的 ⋯ 按钮，将打开【表格单元格式】对话框，可以进一步定义格式选项。
- 类型：利用该下拉列表框可以将单元样式指定为标签或数据。
- 页边距：用于控制单元边界和单元内容之间的间距，默认设置为0.06（英制）和1.5（公制）。其中，【水平】选项用于设置单元中的文字与左右单元边界之间的距离，【垂直】选项用于设置单元中的文字与上下单元边界之间的距离。
- 创建行/列时合并单元：选中该复选框，会将使用当前单元样式创建的所有新行或新列合并为一个单元。

⑧ 在如图9-11所示的【文字】选项卡中，可设置单元格中文字的样式、高度、颜色和角度。该选项卡中各选项的含义如下。

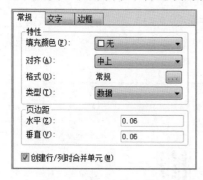

图9-10　【常规】选项卡

图9-11　【文字】选项卡

- 文字样式：利用该下拉列表框可列出图形中的所有文字样式。单击 ⋯ 按钮将打开【文字样式】对话框，可以创建新的文字样式。
- 文字高度：设置文字高度。数据单元和列标题单元的默认文字高度为0.18。
- 文字颜色：利用该下拉列表框可指定文字颜色，若选择【选择颜色】选项，可打开【选择颜色】对话框。
- 文字角度：设置文字角度，默认的文字角度为0°，可以输入-359°~359°之间的任意角度。

⑨ 在如图9-12所示的【边框】选项卡中，可设置单元边框的线宽、线型和颜色等。该选项卡中各选项的含义如下。

- 线宽：利用该下拉列表框可指定边界的线宽，默认的线宽是0.25mm。
- 线型：利用该下拉列表框可指定边界的线型，若选择【其他】选项，可自定义线型。
- 颜色：利用该下拉列表框可指定边界的颜色，若选择【选择颜色】选项，可打开【选择颜色】对话框。

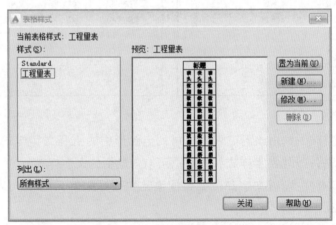

图 9-12 【边框】选项卡

- 双线：选中该复选框，则表格边界显示为双线。
- 间距：设置双线边界的间距。
- 边界按钮：用于控制单元边界的外观。

⑩ 设置完成后单击【确定】按钮，在如图 9-13 所示的【表格样式】对话框中，单击【置为当前】按钮，将新的表格样式设置为当前表格样式，表格样式设置完毕。

图 9-13 【表格样式】对话框

若要修改现有的表格样式，可在【表格样式】对话框的【样式】列表中，选中要修改的样式，然后单击【修改】按钮，打开【修改表格样式】对话框进行修改。修改方法和新建方法基本相同，此处不再赘述。

微课
创建表格

测验
创建表格随堂
测验

9.4.2 创建表格

1. 应用范围

用户设置完表格样式后，可以利用表格命令进行表格的创建。

2. 调用方法

- 菜单栏：选择【绘图】|【表格】菜单命令。

- 面板:单击【注释】面板中的【表格】按钮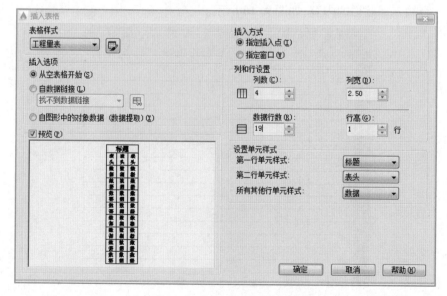。
- 命令行:输入 TABLE(TB)。

3. 操作步骤

创建如图 9-14 所示的表格,具体操作步骤如下。

主要工程量表			
序号	项目名称	单位	数量
1	管道光缆工程施工测量	百米	5
2	架空光缆工程施工测量	百米	10
3	直埋光缆工程施工测量	百米	0.100
4	敷设管道光缆36芯以下	千米条	0.500
5	架设架空光缆(平原)36芯以下	千米条	1.055
6	敷设直埋光缆36芯以下	千米条	0.010
7	立9 m以下水泥杆(综合土)	根	21
8	水泥杆夹板法安装7/2.6拉线	条	6
9	水泥杆架设7/2.2吊线(平原)	千米条	1.055
10	安装引上钢管(杆上)	根	1
11	安装引上钢管(墙上)	根	1
12	穿放引上光缆	条	2
13	人孔抽水(积水)	个	7
14	进局光缆防水封堵	处	2
15	桥架内明布光缆	百米	0.400
16	光缆成端接头	芯	48
17	40 km以下光缆中继段测试(24芯)	中继段	1

图9-14　创建的表格

① 选择【绘图】|【表格】菜单命令,打开【插入表格】对话框,如图 9-15 所示。

图9-15　【插入表格】对话框

② 在【插入选项】选项组中可以指定插入表格的方式，其中各选项的含义如下。

- 从空表格开始：选中此项，可以创建一个手动填充数据的空表格。
- 自数据链接：选中此项，可以从外部电子表格的数据创建表格，可以将表格数据链接至 Microsoft Excel 中的数据。数据链接可以包括整个电子表格、单个单元或多个单元区域。
- 自图形中的对象数据（数据提取）：选中此项，然后单击【确定】按钮，将启动【数据提取】向导。

③ 在【插入方式】选项组中可以指定表格位置，其中各选项的含义如下。

- 指定插入点：选中此项，可以指定表格左上角的位置。如果表格样式将表格的方向设置为由下而上读取，则插入点为表格的左下角。
- 指定窗口：选中此项，可以指定表格的大小和位置，表格行数、列数、列宽和行高。

④ 在【设置单元样式】选项组中可以指定标题、表头和数据单元样式的位置，其中各选项的含义如下。

- 第一行单元样式：指定表格中第一行的单元样式。默认情况下，使用【标题】单元样式。
- 第二行单元样式：指定表格中第二行的单元样式。默认情况下，使用【表头】单元样式。
- 所有其他行单元样式：指定表格中其他行的单元样式。默认情况下，使用【数据】单元样式。

⑤ 单击【确定】按钮，在选定的位置插入表格，并进入文字编辑状态，在表格第一行输入标题栏的内容，如图 9-16 所示。

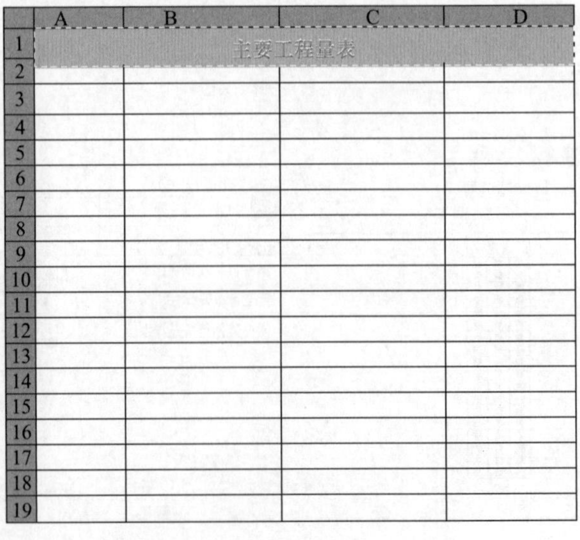

图 9-16　在表格标题栏中输入文字

⑥ 按 Tab 键或方向键,在表格的其他单元中输入文字,如图 **9-17** 所示。

主要工程量表			
序号	项目名称	单位	数量
1	管道光缆工程施工测量	百米	5
2	架空光缆工程施工测量	百米	10
3	直埋光缆工程施工测量	百米	0.100
4	敷设管道光缆36芯以下	千米条	0.500
5	架设架空光缆(平原)36芯以下	千米条	1.055
6	敷设直埋光缆36芯以下	千米条	0.010
7	立9 m以下水泥杆(综合土)	根	21
8	水泥杆夹板法安装7/2.6拉线	条	6
9	水泥杆架设7/2.2吊线(平原)	千米条	1.055
10	安装引上钢管(杆上)	根	1
11	安装引上钢管(墙上)	根	1
12	穿放引上光缆	条	2
13	人孔抽水(积水)	个	7
14	进局光缆防水封堵	处	2
15	桥架内明布光缆	百米	0.400
16	光缆成端接头	芯	48
17	40 km以下光缆中继段测试(24芯)	中继段	1

图 9-17　在表格其他单元中输入文字

⑦ 选择该表格对象,通过拖动表格的夹点来进行调整,效果如图 **9-18** 所示。

	A	B	C	D
1		主要工程量表		
2	序号	项目名称	单位	数量
3	1	管道光缆工程施工测量	百米	5
4	2	架空光缆工程施工测量	百米	10
5	3	直埋光缆工程施工测量	百米	0.100
6	4	敷设管道光缆36芯以下	千米条	0.500
7	5	架设架空光缆(平原)36芯以下	千米条	1.055
8	6	敷设直埋光缆36芯以下	千米条	0.010
9	7	立9 m以下水泥杆(综合土)	根	21
10	8	水泥杆夹板法安装7/2.6拉线	条	6
11	9	水泥杆架设7/2.2吊线(平原)	千米条	1.055
12	10	安装引上钢管(杆上)	根	1
13	11	安装引上钢管(墙上)	根	1
14	12	穿放引上光缆	条	2
15	13	人孔抽水(积水)	个	7
16	14	进局光缆防水封堵	处	2
17	15	桥架内明布光缆	百米	0.400
18	16	光缆成端接头	芯	48
19	17	40 km以下光缆中继段测试(24芯)	中继段	1

图 9-18　通过夹点调整表格

参考资料
编辑表格

9.5 拓展案例

微课
主要材料表
绘制

素材
主要材料表

案例 1 在 AutoCAD 2019 中,利用内部表格绘制命令完成表 9-2 的绘制。

表 9-2 主要材料表

序号	材料名称	单位	单价／元
1	8 m 水泥杆	根	210
2	7/2.2 钢绞线	kg	5.8
3	7/2.6 钢绞线	kg	5.5
4	拉线抱箍（D164）	副	72

案例 2 在 AutoCAD 2019 中,利用导入 Excel 表格命令完成表 9-2 的绘制。

任务10
图纸输出

知识目标

- 掌握图块的相关操作
- 掌握页面设置的操作方法
- 掌握文件格式转换的方法

教学指南
任务10教学设计

学习指南
任务10任务单

PPT
任务10教学课件

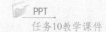
竞赛
任务10知识抢答

能力目标

- 完成×××学院通信基站光缆接入线路工程图总体绘制
- 完成×××学院通信基站光缆接入线路工程图文件格式
  转换
- 完成×××学院通信基站光缆接入线路工程图打印设置
- 将×××学院基站设备布置图转换成PDF文件
- 将×××学院基站工艺图转换成PDF文件

10.1 任务描述

通过前期的勘察设计,小王完成了×××学院通信基站光缆接入线路工程图纸的绘制,下一步需要委派施工单位实施该项工程,为此要将设计图纸打印出来交给施工单位。本任务要求将×××学院基站光缆接入线路工程图输出打印,同时将该图的 DWG 文件格式转换成 PDF 文件格式,如图 10-1 所示,并将其保存在计算机桌面上以"学号+姓名"命名的文件夹中,文件名的命名规则为:学号+姓名+"任务 10 图纸输出"。

素材
×××学院基站
光缆接入线路
工程图

素材
A4 图幅

素材
指北针

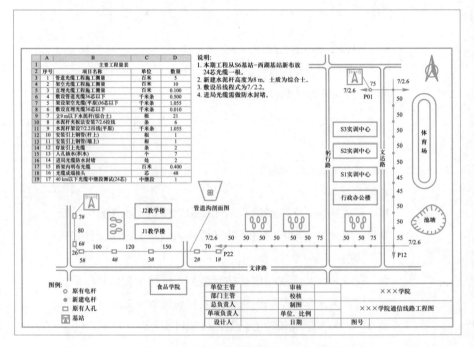

图 10-1　×××学院基站光缆接入线路工程图

10.2 任务分析

由图 10-1 可知,该通信基站光缆接入线路工程图纸需要在原有图纸的基础上,添加 A4 图幅和指北针,然后将该图纸进行输出打印。在具体实现过程中,首先利用图块命令导入 A4 图幅和指北针图块,然后进行文件输出打印,最后转换成 PDF 文件。

10.3 任务实施

在任务分析的基础上,利用图块命令、打印设置、PDF 文件格式转换等命令完成图纸输出打印,具体步骤如表 10-1 所示。

微课
图纸输出

测验
图纸输出随堂
测验

表 10-1 图纸输出步骤

操作步骤	操作过程	操作说明
步骤1 导入 A4 图幅和 指北针	命令:_open↙ 找到相关目录,打开素材文件"2-1 标准 A4 图幅.dwg"	调用文件打开命令
	命令:WBLOCK	调用外部图块命令,打开【写块】对话框
	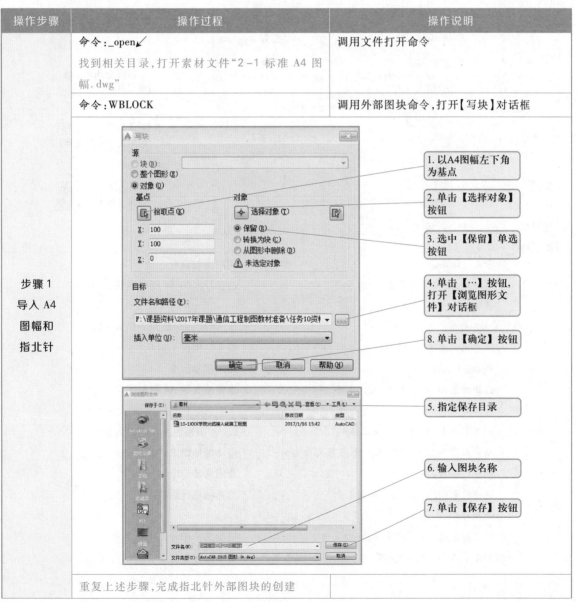	
	重复上述步骤,完成指北针外部图块的创建	

图中标注说明:
1. 以A4图幅左下角为基点
2. 单击【选择对象】按钮
3. 选中【保留】单选按钮
4. 单击【…】按钮,打开【浏览图形文件】对话框
8. 单击【确定】按钮
5. 指定保存目录
6. 输入图块名称
7. 单击【保存】按钮

续表

操作步骤	操作过程	操作说明
步骤1 导入 A4 图幅和 指北针	命令:_INSERT	调用插入图块命令,打开【插入】对话框

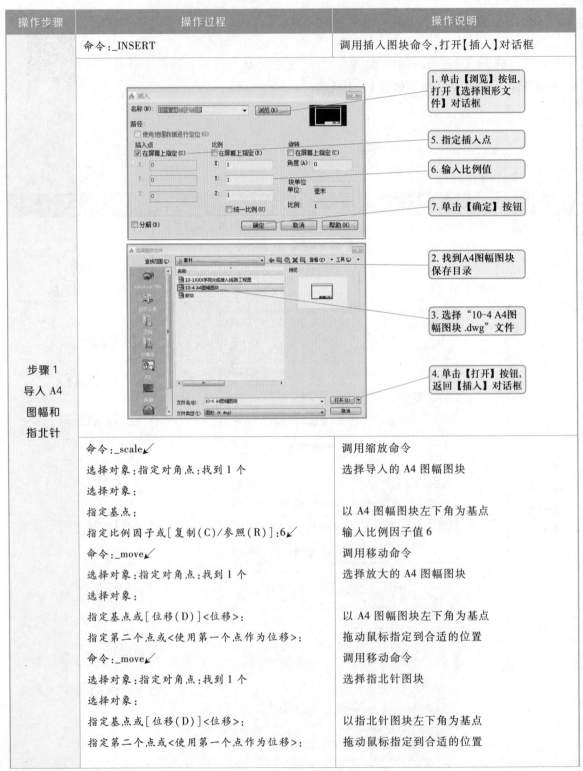

1.单击【浏览】按钮,打开【选择图形文件】对话框

5.指定插入点

6.输入比例值

7.单击【确定】按钮

2.找到A4图幅图块保存目录

3.选择"10-4 A4图幅图块 .dwg"文件

4.单击【打开】按钮,返回【插入】对话框

	操作过程	操作说明
	命令:_scale↙	调用缩放命令
	选择对象:指定对角点:找到 1 个	选择导入的 A4 图幅图块
	选择对象:	
	指定基点:	以 A4 图幅图块左下角为基点
	指定比例因子或[复制(C)/参照(R)]:6↙	输入比例因子值6
	命令:_move↙	调用移动命令
	选择对象:指定对角点:找到 1 个	选择放大的 A4 图幅图块
	选择对象:	
	指定基点或[位移(D)]<位移>:	以 A4 图幅图块左下角为基点
	指定第二个点或<使用第一个点作为位移>:	拖动鼠标指定到合适的位置
	命令:_move↙	调用移动命令
	选择对象:指定对角点:找到 1 个	选择指北针图块
	选择对象:	
	指定基点或[位移(D)]<位移>:	以指北针图块左下角为基点
	指定第二个点或<使用第一个点作为位移>:	拖动鼠标指定到合适的位置

续表

操作步骤	操作过程	操作说明
步骤2 输出打印	_pagesetup↙ 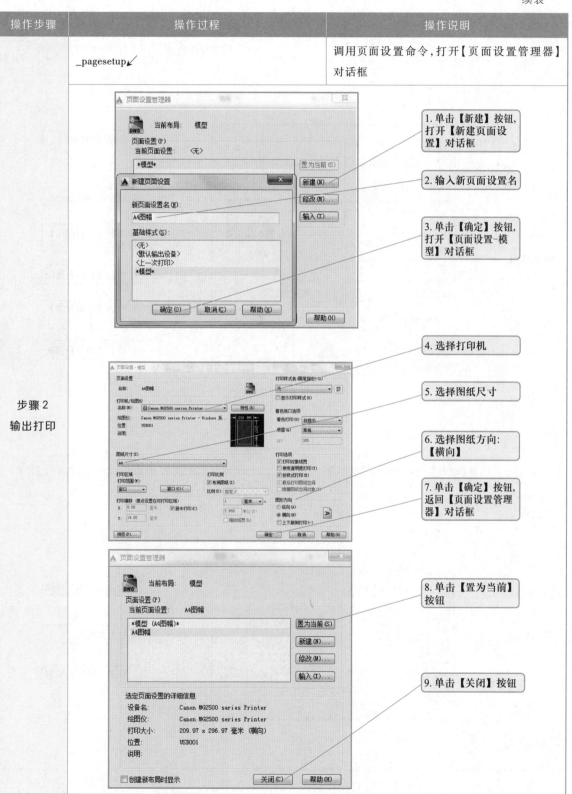	调用页面设置命令,打开【页面设置管理器】对话框 1. 单击【新建】按钮,打开【新建页面设置】对话框 2. 输入新页面设置名 3. 单击【确定】按钮,打开【页面设置-模型】对话框 4. 选择打印机 5. 选择图纸尺寸 6. 选择图纸方向:【横向】 7. 单击【确定】按钮,返回【页面设置管理器】对话框 8. 单击【置为当前】按钮 9. 单击【关闭】按钮

续表

操作步骤	操作过程	操作说明
步骤2 输出打印	命令:_plot↙	调用打印命令,打开【打印-模型】对话框
	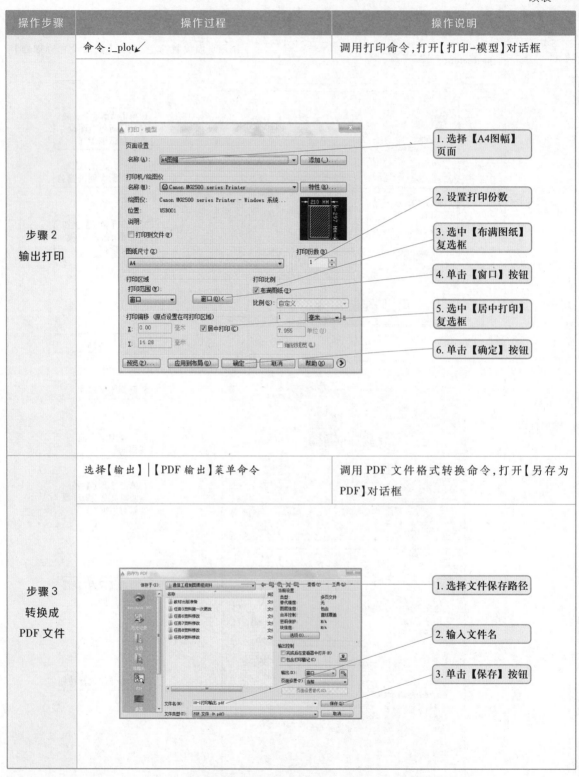	1. 选择【A4图幅】页面 2. 设置打印份数 3. 选中【布满图纸】复选框 4. 单击【窗口】按钮 5. 选中【居中打印】复选框 6. 单击【确定】按钮
步骤3 转换成 PDF文件	选择【输出】|【PDF输出】菜单命令	调用PDF文件格式转换命令,打开【另存为PDF】对话框
		1. 选择文件保存路径 2. 输入文件名 3. 单击【保存】按钮

以上各步骤的操作结果如图10-2所示。

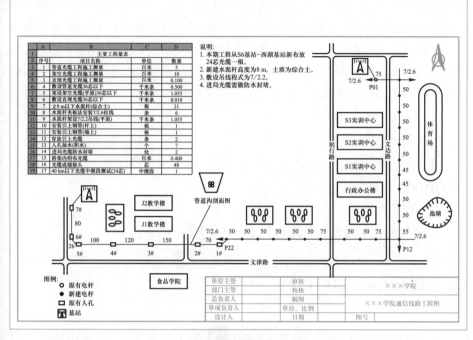

(a) 步骤1绘制结果

(b) 步骤3转换结果

图 10-2　图纸输出各步骤操作结果

10.4　知识解读

　　完成所有的设计和制图工作之后,需要将图形文件通过绘图仪或打印机输出为图样。可以通过 AutoCAD 2019 提供的页面设置功能,先设置打印设备、打印样式表、图纸大小、打印区域等,再利用打印命令打印图纸。

10.4.1　图块

　　图块是由图形中的多个实体组合而成的一个整体,它的图形实体可以分布

微课
图块

测验
图块随堂测验

在不同的图层上,可以具有不同的线型和颜色等特征。在使用 AutoCAD 2019 进行绘图的过程中,图中经常会出现相同的内容,如图框、标题栏等。通常都是画好一个后转换成块图形,使用时直接插入块即可。在绘图过程中,如果要插入的图块来自当前绘制的图形之内,则这种图块称为内部块;而用 WBLOCK 命令将块图形保存于计算机磁盘上的,可以插入到其他图形文件中的图块称为外部块。

1. 创建块

（1）应用范围

块是由一个或多个对象形成的对象集合,在图形中显示为一个单一对象。利用 BLOCK 命令,可以创建块。

（2）调用方法

· 菜单栏:选择【绘图】|【块】|【创建块】菜单命令。

· 面板:单击【块】面板中的【创建块】按钮 。

· 命令行:输入 BLOCK（B）。

（3）操作步骤

① 单击【块】面板中的【创建块】按钮 ,打开如图 10-3 所示的【块定义】对话框。

图 10-3 【块定义】对话框

② 在【名称】文本框中输入块的名称。

③ 在【基点】选项组中单击【拾取点】按钮 ,然后在绘图区中选取点作为插入基点,或在对话框中直接输入点坐标。

④ 在【对象】选项组中单击【选择对象】按钮 ,然后在绘图区选择需要创建的图形,按 Enter 键返回【块定义】对话框。

⑤ 在【方式】选项组中,一般选中【按统一比例缩放】复选框。【方式】选项组中各选项的含义如下。

- 注释性:指定块参照为注释性对象。使用该特性可自动完成对块参照的注释缩放过程。
- 使块方向与布局匹配:指定在图纸空间视口中的块参照的方向与布局的方向匹配。
- 按统一比例缩放:指定块是否按统一比例缩放。
- 允许分解:指定块参照是否可以被分解。

⑥ 在【设置】选项组的【块单位】下拉列表框中,可以为块设置单位。

⑦ 在【说明】文本框中输入有关块的一些说明文字。

⑧ 单击【确定】按钮,即可完成块的定义。

2. 存储块

（1）应用范围

利用 WBLOCK 命令,可将图形写入一个图形文件中,存储后的块可以在其他文件中再次使用。

（2）调用方法

命令行:输入 WBLOCK。

（3）操作步骤

① 在命令行中执行 WBLOCK 命令,打开如图 10-4 所示的【写块】对话框。

图 10-4　【写块】对话框

② 在【源】选项组中选中【对象】单选按钮。

③ 在【基点】选项组中单击【拾取点】按钮,然后在绘图区中选取点作为插入基点,或在对话框中直接输入点坐标。

④ 在【对象】选项组中单击【选择对象】按钮,然后在绘图区中选择需要创建的图形,按 Enter 键返回【写块】对话框。

⑤ 在【文件名和路径】文本框中,设置存储路径并输入图块名称。

⑥ 在【插入单位】下拉列表框中,可以为块设置单位。

⑦ 单击【确定】按钮,即可将图形以文件的形式进行保存。

3. 插入块

(1) 应用范围

当在其他图形文件中需要使用存储后的块时,可用 INSERT 命令将其插入。

(2) 调用方法

- 菜单栏:选择【插入】|【块】菜单命令。
- 面板:单击【块】面板中的【插入块】按钮。
- 命令行:输入 INSERT(I)。

(3) 操作步骤

① 单击【块】面板中的【插入块】按钮,打开如图 10-5 所示的【插入】对话框。

图 10-5 【插入】对话框

② 单击【浏览】按钮,在打开的如图 10-6 所示的【选择图形文件】对话框中,选择所存储的图块文件,单击【打开】按钮,返回【插入】对话框。

图 10-6 【选择图形文件】对话框

③ 在【比例】选项组中,选中【统一比例】复选框,在上方的文本框中还可以输入缩放的比例。

④ 在【旋转】选项组中,可以输入旋转的角度值。

⑤ 单击【确定】按钮,这时命令行中提示"指定插入点:",在绘图区内选取放置图块的点即可完成插入块的操作。

10.4.2　页面设置

1. 应用范围

在 AutoCAD 2019 中,可以通过页面设置命令设置打印设备、纸张规格、打印区域和打印比例等。

2. 调用方法

- 菜单浏览器:选择【打印】|【页面设置】菜单命令。
- 菜单栏:选择【文件】|【页面设置管理器】菜单命令。
- 命令行:输入 PAGESETUP。

3. 操作步骤

① 调用命令后,弹出【页面设置管理器】对话框,如图 10-7 所示。

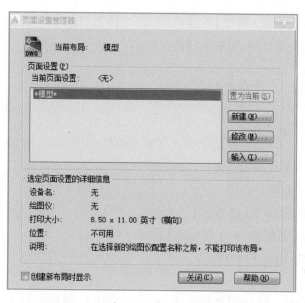

图 10-7　【页面设置管理器】对话框

② 在【页面设置管理器】对话框中,单击【修改】按钮,弹出【页面设置-模型】对话框,如图 10-8 所示。

③ 在【页面设置管理器】对话框中,单击【新建】按钮,弹出【新建页面设置】对话框,单击【确认】按钮,也会弹出【页面设置-模型】对话框。

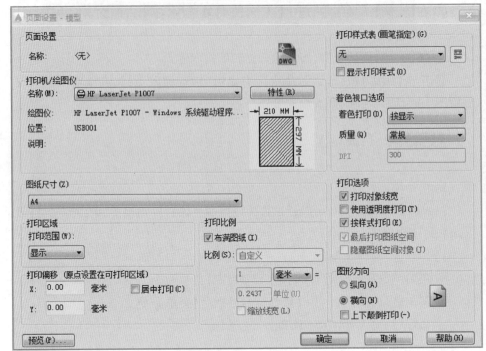

图 10-8　【页面设置-模型】对话框

④ 在【页面设置-模型】对话框中,可以设置打印设备、图纸尺寸、打印区域、打印比例、打印偏移、图形方向等参数。

参考资料

打印预览及图

纸打印

10.4.3　文件格式转换

1. 应用范围

输出图形时,可以将图形保存成各种类型的图形文件,如 BMP、DWF、WMF格式等,以实现文件格式转换。

2. 调用方法

微课

文件格式转换

测验

文件格式转换

随堂测验

- 菜单浏览器:选择【输出】菜单命令。
- 菜单栏:选择【文件】|【输出】菜单命令。
- 命令行:输入 EXPORT。

3. 操作步骤

选择【文件】|【输出】菜单命令,弹出【输出数据】对话框,如图 10-9 所示。在该对话框中,可以设置保存位置、保存的文件名,以及保存文件的类型,在【文件类型】下拉列表中可以选择多种文件类型,设置完成后单击【保存】按钮即可。

图 10-9　【输出数据】对话框

10.5　拓展案例

案例 1　将如图 10-10 所示的×××学院基站设备布置图转换成 PDF 文件。

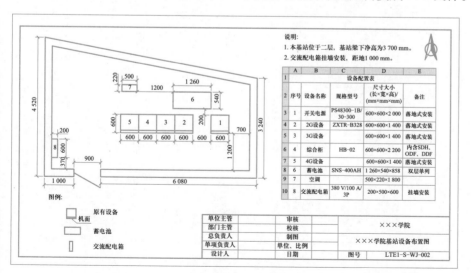

微课
基站设备布置
图格式转换

素材
基站设备布置图

图 10-10　×××学院基站设备布置图

微课
基站工艺图格
式转换

素材
基站工艺图

案例2 将如图 10-11 所示的×××学院基站工艺图转换成 PDF 文件,并在 A3 图纸中打印。

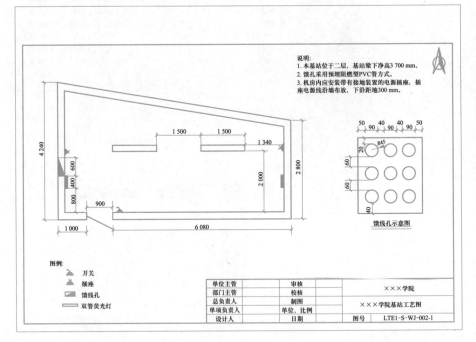

图 10-11 ×××学院基站工艺图

项目2

×××学院通信基站光缆
接入线路设备工程图绘制

通信设备工程是通信工程施工的重要组成部分。本项目以×××学院通信基站光缆接入线路设备工程为例,详细介绍通信设备工程的基本组成,以及通信机房、通信设备、机房环境、走线架等的基本绘制方法。

任务11
基站建筑平面图绘制

教学指南
任务11教学设计

学习指南
任务11任务单

PPT
任务11教学课件

竞赛
任务11知识抢答

 知识目标

● 掌握多线命令的操作方法
● 掌握打断命令的操作方法

 能力目标

● 完成基站建筑平面图的绘制
● 完成推拉窗图例的绘制
● 完成实训室平面图的绘制

11.1 任务描述

　　小王在绘制完成×××学院通信基站光缆接入线路工程图后,需要将布放的一根 24 芯光缆成端到 ODF 架上,为此需要绘制出基站设备平面图及走线架图,以便后期施工人员按照图纸进行施工。本任务首先要求小王绘制如图 11-1 所示的 S6 基站建筑平面图,并将其保存在计算机桌面上以"学号+姓名"命名的文件夹中,文件名的命名规则为:学号+姓名+"任务 11 基站建筑平面图绘制"。

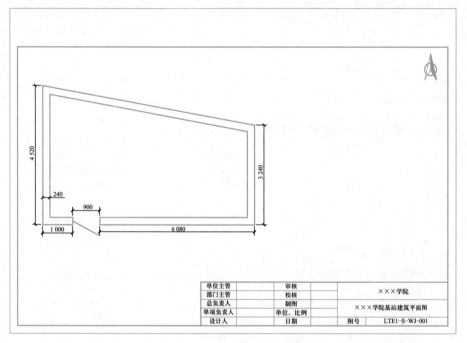

单位主管		审核		×××学院
部门主管		校核		
总负责人		制图		×××学院基站建筑平面图
单项负责人		单位、比例		
设计人		日期	图号	LTE1-S-WJ-001

图 11-1　S6 基站建筑平面图

素材
S6 基站建筑
平面图

素材
A4 图幅

素材
指北针

11.2 任务分析

　　由图 11-1 可以看出,S6 基站建筑平面图由墙体和门两部分组成。墙体由两条平行的直线围成,门是在墙体上添加一条直线。因此,在具体实现过程中,首先利用多段线命令绘制墙体,然后利用打断命令将墙体打断,再利用直线命令绘制门,最后利用图块命令导入 A4 图幅和指北针图块。

微课
基站建筑平
面图绘制

测验
基站建筑平
面图绘制随
堂测验

11.3 任务实施

在任务分析的基础上,利用多线命令、直线命令、打断命令、圆命令、图块命令等绘制基站建筑平面图,具体步骤如表 11-1 所示。

表 11-1 基站建筑平面图绘制步骤

操作步骤	操作过程	操作说明
步骤 1 绘制墙体	_mlstyle↙	调用多线样式命令,打开【多线样式】对话框
		1. 单击【新建】按钮,打开【创建新的多线样式】对话框 2. 输入新样式名:"墙体" 3. 单击【继续】按钮,打开【新建多线样式:墙体】对话框 4. 输入说明内容 5. 单击【添加】按钮 6. 设置偏移量 7. 选择多线颜色 8. 选择多线线型 9. 单击【确定】按钮,返回【多线样式】对话框

续表

操作步骤	操作过程	操作说明
步骤 1 绘制墙体		10. 单击【置为当前】按钮 11. 单击【确定】按钮
	命令：_mline↙	调用多线命令
	当前设置：对正＝无，比例＝1.00,样式＝墙体	
	指定起点或[对正(J)/比例(S)/样式(ST)]:J↙	选择"对正"参数
	输入对正类型[上(T)/无(Z)/下(B)]<无>:Z↙	设置无对正方式
	当前设置：对正＝无，比例＝1.00,样式＝墙体	
	指定起点或[对正(J)/比例(S)/样式(ST)]:S↙	选择"比例"参数
	输入多线比例<1.00>:1↙	设置比例值为1
	当前设置：对正＝无，比例＝1.00,样式＝墙体	
	指定起点或[对正(J)/比例(S)/样式(ST)]:	指定任意起点
	指定下一点:4280↙	打开正交功能,输入直线长度值4 280
	指定下一点或[放弃(U)]:7740↙	输入直线长度值7 740
	指定下一点或[闭合(C)/放弃(U)]:3000↙	输入直线长度值3 000
	指定下一点或[闭合(C)/放弃(U)]:C↙	输入C,实现图形闭合
步骤 2 绘制门	命令：_line↙	调用直线命令
	指定第一个点：	自动捕捉墙体左下角作为起点
	指定下一点或[放弃(U)]:1000↙	输入直线长度值1 000
	指定下一点或[放弃(U)]:240↙	输入直线长度值240
	指定下一点或[闭合(C)/放弃(U)]:↙	结束直线命令
	命令：_offset↙	调用偏移命令
	当前设置：删除源＝否 图层＝源 OFFSETGAPTYPE=0	

续表

操作步骤	操作过程	操作说明
步骤2 绘制门	指定偏移距离或[通过(T)/删除(E)/图层(L)]<通过>：900↙	输入偏移距离值900
	选择要偏移的对象，或[退出(E)/放弃(U)]<退出>：	选择直线
	指定要偏移的那一侧上的点，或[退出(E)/多个(M)/放弃(U)]<退出>：	指定偏移方向
	选择要偏移的对象，或[退出(E)/放弃(U)]<退出>：↙	结束偏移命令
	命令：_explode↙	调用分解命令
	选择对象：找到 1 个	选择墙体
	命令：_break↙	调用打断命令
	选择对象：	选择直线
	指定第二个打断点 或[第一点(F)]：f↙	输入f，选择第1点
	指定第一个打断点：	自动捕捉直线端点，作为第1打断点
	指定第二个打断点：↙	自动捕捉直线端点，作为第2打断点，重新调用打断命令
	命令： BREAK	
	选择对象：	选择直线
	指定第二个打断点 或[第一点(F)]：f↙	输入f，选择第1点
	指定第一个打断点：	自动捕捉直线端点，作为第1打断点
	指定第二个打断点：	自动捕捉直线端点，作为第2打断点
	命令：_line↙	调用直线命令
	指定第一个点：	自动捕捉打断点，作为直线起点
	指定下一点或[放弃(U)]：@900<-30↙	输入直线相对极坐标值@900<-30
	指定下一点或[放弃(U)]：↙	结束直线命令
步骤3 插入 A4 图幅图块 和指北针 图块	命令：_insert↙	调用插入图块命令，打开【插入】对话框
		1. 单击【浏览】按钮，打开【选择图形文件】对话框 5. 指定插入点 6. 输入比例值 7. 单击【确定】按钮

续表

操作步骤	操作过程	操作说明
步骤3 插入 A4 图幅图块 和指北针 图块	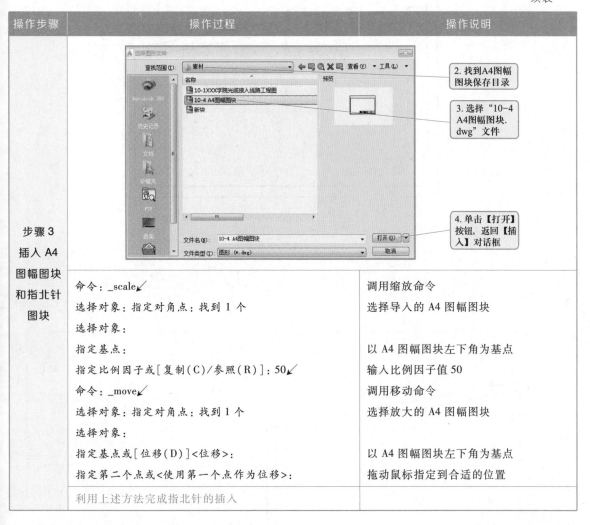	2. 找到A4图幅图块保存目录 3. 选择"10-4 A4图幅图块.dwg"文件 4. 单击【打开】按钮,返回【插入】对话框
	命令:_scale↙ 选择对象:指定对角点:找到 1 个 选择对象: 指定基点: 指定比例因子或[复制(C)/参照(R)]:50↙ 命令:_move↙ 选择对象:指定对角点:找到 1 个 选择对象: 指定基点或[位移(D)]<位移>: 指定第二个点或<使用第一个点作为位移>:	调用缩放命令 选择导入的 A4 图幅图块 以 A4 图幅图块左下角为基点 输入比例因子值 50 调用移动命令 选择放大的 A4 图幅图块 以 A4 图幅图块左下角为基点 拖动鼠标指定到合适的位置
	利用上述方法完成指北针的插入	

以上各步骤的绘制效果如图 11-2 所示。

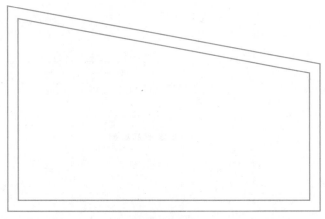

(a) 步骤1绘制效果

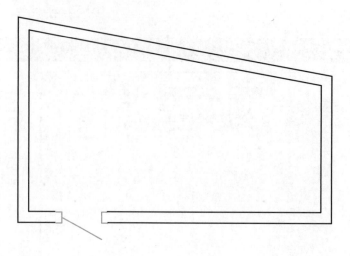

(b) 步骤2绘制效果

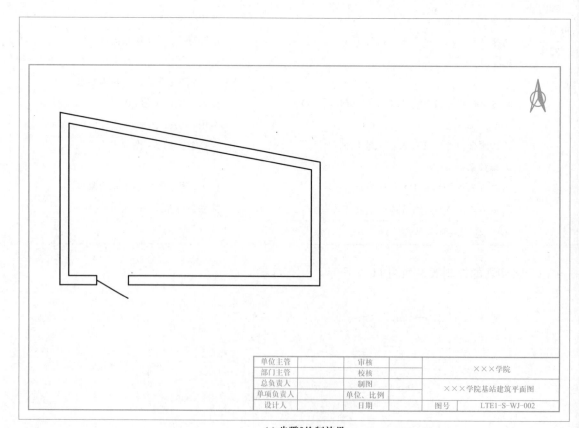

单位主管		审核		×××学院	
部门主管		校核			
总负责人		制图		×××学院基站建筑平面图	
单项负责人		单位、比例			
设计人		日期		图号	LTE1-S-WJ-002

(c) 步骤3绘制效果

图 11-2 基站建筑平面图各步骤绘制效果

11.4　知识解读

微课
多线命令

测验
多线命令随
堂测验

11.4.1　多线命令

1. 设置多线样式

（1）应用范围

在绘制图形时，有时需要一次绘制多条相互平行的直线，有时需要多次绘制多条相互平行的直线。为了更便捷地绘制所需要的多线，在 AutoCAD 2019 系统中可进行多线样式的设置，默认的多线样式为 STANDARD 样式，它由两条直线组成。

（2）调用方法

- 菜单栏：选择【格式】|【多线样式】菜单命令。
- 命令行：输入 MYSTYLE。

（3）操作步骤

① 调用多线样式命令后，弹出如图 11-3 所示的【多线样式】对话框。

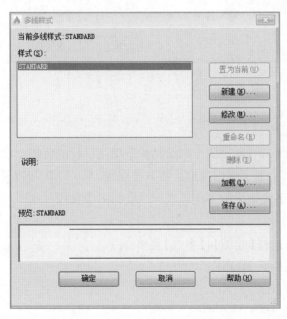

图 11-3　【多线样式】对话框

② 单击【新建】按钮，弹出如图 11-4 所示的【创建新的多线样式】对话框，输入新样式名。

③ 单击【继续】按钮，弹出【新建多线样式】对话框，在【图元】选项组内，单击【0.5】的线型样式，在下方的【偏移】文本框中输入 150；单击【-0.5】的线型样

图 11-4 【创建新的多线样式】对话框

式,在下方的【偏移】文本框中输入-150,如图 11-5 所示。

图 11-5 【新建多线样式】对话框

2. 绘制多线

(1) 应用范围

在绘制图形时,有时需要一次绘制多条相互平行的直线。若利用直线命令,则需要绘制多次。为了更便捷地绘制多条直线,AutoCAD 2019 系统中提供多线命令,它可按照系统定义的多线样式一次绘制多条直线。

(2) 调用方法

● 菜单栏:选择【绘图】|【多线】菜单命令。

● 命令行:输入 MLINE。

(3) 操作步骤

① 调用多线命令。

② 指定起点,在绘图区内指定多线的起点位置。

③ 指定下一点,在绘图区内指定多线下一点或终点位置。

多线命令各相关选项的含义如下。

● 对正(J):选择对正位置,用来设置绘制多线时相对于输入点的偏移位置。该选项有"上""无""下"3 个选择。"上"表示多线顶端的线随着光标移动,"无"表示多线的中心线随着光标移动,"下"表示多线底端的线随着光标移动。

- 比例(S):设置多线样式中平行多线的宽度比例。绘制多线样式时,如果将偏移宽度设置为300,再设置比例为2,则绘制出来的多线平行线间的间隔为600。
- 样式(ST):绘制多线时使用的样式名称。

11.4.2 打断命令

微课
打断命令

打断命令可用于将一个整体的线条分离为两段,根据打断点数量的不同,打断命令可以分为打断和打断于点。

测验
打断命令随堂
测验

1. 打断

(1) 应用范围

打断是在对象上创建两个打断点,从而将对象断开。在调用命令的过程中,需要输入打断对象、打断第一点和打断第二点3个参数。第一点和第二点之间的部分将被删除。

(2) 调用方法

- 菜单栏:选择【修改】|【打断】菜单命令。
- 面板:单击【修改】面板中的【打断】按钮 。

2. 打断于点

(1) 应用范围

打断于点是在对象上指定一个打断点,从而将对象断开。在调用命令的过程中,需要输入打断对象和打断点两个参数。

(2) 调用方法

面板:单击【修改】面板中的【打断于点】按钮 。

11.5 拓展案例

案例1 利用多线命令、修剪命令、直线命令等完成推拉窗图例的绘制,如图11-6所示。

微课
推拉窗图例
绘制

素材
推拉窗图例

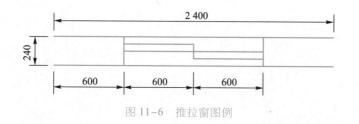

图 11-6 推拉窗图例

案例 2 利用多线命令、直线命令、圆弧命令等完成实训室平面图的绘制,如图 11-7 所示。

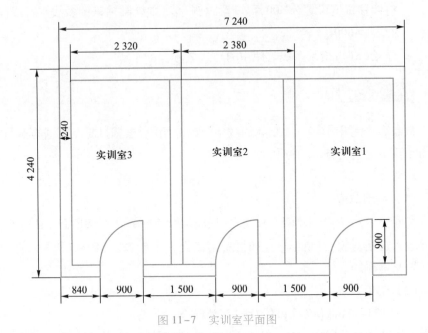

图 11-7 实训室平面图

任务12
基站设备布置图绘制

知识目标

- 掌握尺寸标注的组成和类型
- 掌握尺寸标注样式的设置方法
- 掌握尺寸标注的操作方法
- 掌握尺寸标注的基本编辑方法

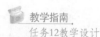
教学指南
任务12教学设计

学习指南
任务12任务单

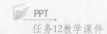
PPT
任务12教学课件

竞赛
任务12知识抢答

能力目标

- 完成基站设备布置图的绘制
- 完成实训室平面图的尺寸标注
- 完成基站工艺图的绘制

12.1 任务描述

小王在绘制完成×××学院 S6 基站建筑平面图后,需要将基站中的设备摆放位置描述出来,为此需要绘制出 S6 基站设备布置图,以便后期施工人员可以准确将设备定位安装。本任务要求小王在基站建筑平面图的基础上绘制如图 12-1所示的 S6 基站设备布置图,并将其保存在计算机桌面上以"学号+姓名"命名的文件夹中,文件名的命名规则为:学号+姓名+"任务 12 基站设备布置图绘制"。

素材
基站设备布置图

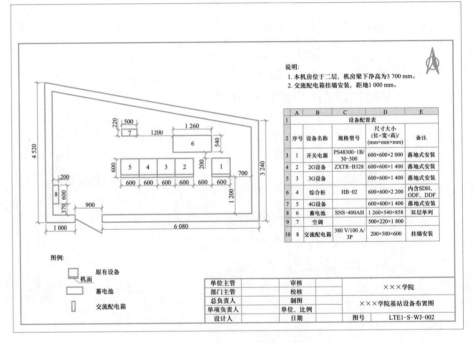

图 12-1 基站设备布置图

12.2 任务分析

由图 12-1 可以看出,S6 基站设备布置图由主要设备、尺寸标注、图例、说明、表格 5 部分组成。因此,在具体实现过程中,首先利用矩形命令绘制设备,然后利用尺寸标注命令实现设备和基站尺寸标注,接着利用缩放命令、移动命令和文字命令完成图例绘制,再利用多行文本命令完成说明文字的输入,最后利用表格命令完成设备配置表 Excel 表格的导入和调整。

12.3 任务实施

微课
基站设备布置图绘制

测验
基站设备布置图绘制随堂测验

在任务分析的基础上,利用偏移命令、矩形命令、分解命令、尺寸标注命令、文字命令、缩放命令等绘制基站设备布置图,具体步骤如表12-1所示。

表12-1　基站设备布置图绘制步骤

操作步骤	操作过程	操作说明
步骤1 绘制 设备图	命令:_open✓	打开素材文件"11-1基站建筑平面图.dwg"
	命令:_offset✓	调用偏移命令
	当前设置:删除源=否 图层=源 OFFSETGAPTYPE=0	
	指定偏移距离或[通过(T)/删除(E)/图层(L)]<900.0000>:1200✓	输入偏移距离值1 200
	选择要偏移的对象,或[退出(E)/放弃(U)]<退出>:	选择墙线
	指定要偏移的那一侧上的点,或[退出(E)/多个(M)/放弃(U)]<退出>:	指定偏移方向(墙线上方)
	选择要偏移的对象,或[退出(E)/放弃(U)]<退出>:✓	重新调用偏移命令
	命令: OFFSET	
	当前设置:删除源=否 图层=源 OFFSETGAPTYPE=0	
	指定偏移距离或[通过(T)/删除(E)/图层(L)]<1200.0000>:800✓	输入偏移距离值800
	选择要偏移的对象,或[退出(E)/放弃(U)]<退出>:	选择墙线
	指定要偏移的那一侧上的点,或[退出(E)/多个(M)/放弃(U)]<退出>:	指定偏移方向(偏移线上方)
	选择要偏移的对象,或[退出(E)/放弃(U)]<退出>:✓	重新调用偏移命令
	命令: OFFSET	
	当前设置:删除源=否 图层=源 OFFSETGAPTYPE=0	
	指定偏移距离或[通过(T)/删除(E)/图层(L)]<800.0000>:540✓	输入偏移距离值540
	选择要偏移的对象,或[退出(E)/放弃(U)]<退出>:	选择直线

操作步骤	操作过程	操作说明
步骤1 绘制 设备图	指定要偏移的那一侧上的点,或[退出(E)/多个(M)/放弃(U)]<退出>: 选择要偏移的对象,或[退出(E)/放弃(U)]<退出>:↙ 命令: OFFSET 当前设置:删除源=否 图层=源 OFFSETGAPTYPE=0 指定偏移距离或[通过(T)/删除(E)/图层(L)] <540.0000>:700↙ 选择要偏移的对象,或[退出(E)/放弃(U)]<退出>: 指定要偏移的那一侧上的点,或[退出(E)/多个(M)/放弃(U)]<退出>: 选择要偏移的对象,或[退出(E)/放弃(U)]<退出>:↙ 命令: OFFSET 当前设置:删除源=否 图层=源 OFFSETGAPTYPE=0 指定偏移距离或[通过(T)/删除(E)/图层(L)] <700.0000>:600↙ 选择要偏移的对象,或[退出(E)/放弃(U)]<退出>: 指定要偏移的那一侧上的点,或[退出(E)/多个(M)/放弃(U)]<退出>: 选择要偏移的对象,或[退出(E)/放弃(U)]<退出>:↙ 命令: OFFSET 当前设置:删除源=否 图层=源 OFFSETGAPTYPE=0 指定偏移距离或[通过(T)/删除(E)/图层(L)] <600.0000>:2460↙ 选择要偏移的对象,或[退出(E)/放弃(U)]<退出>: 指定要偏移的那一侧上的点,或[退出(E)/多个(M)/放弃(U)]<退出>: 命令:_rectang↙ 指定第一个角点或[倒角(C)/标高(E)/圆角(F)/厚度(T)/宽度(W)]: 指定另一个角点或[面积(A)/尺寸(D)/旋转(R)]:d↙ 指定矩形的长度<10.0000>:600↙ 指定矩形的宽度<10.0000>:600↙ 指定另一个角点或[面积(A)/尺寸(D)/旋转(R)]:↙	指定偏移方向(偏移线上方) 重新调用偏移命令 输入偏移距离值700 选择墙线 指定偏移方向(墙线左方) 重新调用偏移命令 输入偏移距离值600 选择直线 指定偏移方向(偏移线左方) 重新调用偏移命令 输入偏移距离值2 460 选择直线 指定偏移方向(偏移线左方),结束偏移命令 调用矩形命令 自动捕捉直线的交点作为第1个角点 输入d,选择"尺寸"绘制矩形方式 输入矩形长度值600 输入矩形宽度值600 指定矩形方向,重新调用矩形命令

操作步骤	操作过程	操作说明
步骤1 绘制 设备图	命令： RECTANG 指定第一个角点或［倒角（C）/标高（E）/圆角（F）/厚度（T）/宽度（W）］： 指定另一个角点或［面积（A）/尺寸（D）/旋转（R）］：d↙ 指定矩形的长度<1260.0000>：1260↙ 指定矩形的宽度<540.0000>：540↙ 指定另一个角点或［面积（A）/尺寸（D）/旋转（R）］：↙ 命令： RECTANG 指定第一个角点或［倒角（C）/标高（E）/圆角（F）/厚度（T）/宽度（W）］： 指定另一个角点或［面积（A）/尺寸（D）/旋转（R）］：d↙ 指定矩形的长度<1260.0000>：500↙ 指定矩形的宽度<540.0000>：220↙ 指定另一个角点或［面积（A）/尺寸（D）/旋转（R）］： 命令：_ erase 找到 6 个 命令：_explode↙ 选择对象：找到 1 个 命令：_offset↙ 当前设置：删除源=否 图层=源 OFFSETGAPTYPE=0 指定偏移距离或［通过（T）/删除（E）/图层（L）］<2460.0000>：100↙ 选择要偏移的对象，或［退出（E）/放弃（U）］<退出>： 指定要偏移的那一侧上的点，或［退出（E）/多个（M）/放弃（U）］<退出>：↙ 命令：_copy↙ 选择对象：指定对角点：找到 5 个 选择对象： 当前设置：复制模式=多个 指定基点或［位移（D）/模式（O）］<位移>： 指定第二个点或［阵列（A）/退出（E）/放弃（U）］<退出>：1200↙ 指定第二个点或［阵列（A）/退出（E）/放弃（U）］<退出>：1800↙	自动捕捉直线的交点作为第 1 个角点 输入 d，选择"尺寸"绘制矩形方式 输入矩形长度值 1 260 输入矩形宽度值 540 指定矩形方向，重新调用矩形命令 自动捕捉直线的交点作为第 1 个角点 输入 d，选择"尺寸"绘制矩形方式 输入矩形长度值 500 输入矩形宽度值 220 指定矩形方向，结束矩形命令 删除添加的 6 条辅助直线 调用分解命令 选择第 1 个矩形，结束分解命令 调用偏移命令 输入偏移距离值 100 选择矩形下边 指定偏移方向（选择直线上方），结束偏移命令 调用复制命令 选择第 1 个矩形 自动捕捉矩形的角点作为基点 输入位移值 1 200 输入位移值 1 800

续表

操作步骤	操作过程	操作说明
步骤1 绘制 设备图	指定第二个点或［阵列（A）/退出（E）/放弃（U）］＜退出＞：2400↙	输入位移值2 400
	指定第二个点或［阵列（A）/退出（E）/放弃（U）］＜退出＞：3 000↙	输入位移值3 000
	指定第二个点或［阵列（A）/退出（E）/放弃（U）］＜退出＞：↙	结束复制命令
	命令：_line↙	调用直线命令
	指定第一个点：	自动捕捉墙角作为直线起点
	指定下一点或［放弃(U)］：370↙	输入直线长度值370
	指定下一点或［放弃(U)］：200↙	输入直线长度值200
	指定下一点或［闭合(C)/放弃(U)］：600↙	输入直线长度值600
	指定下一点或［闭合(C)/放弃(U)］：200↙	输入直线长度值200
	指定下一点或［闭合(C)/放弃(U)］：↙	结束直线命令
	命令：	选中"审核"文本框
	命令：_copyclip 找到 1 个	按 Ctrl+C 组合键
	命令：	按 Ctrl+V 组合键
	命令：	指定插入点(1#矩形内部)
	命令：	双击复制文本框
	命令：_mtedit	编辑文本内容为1
	重复以上命令,完成设备 2～8 的文字输入	
步骤2 标注尺寸	_dimstyle	调用尺寸标注样式命令,打开【标注样式管理器】对话框
		1. 单击【新建】按钮,打开【创建新标注样式】对话框 2. 输入新样式名:"基站尺寸标注" 3. 单击【继续】按钮,打开【新建标注样式:基站尺寸标注】对话框

续表

操作步骤	操作过程	操作说明
步骤2 标注尺寸	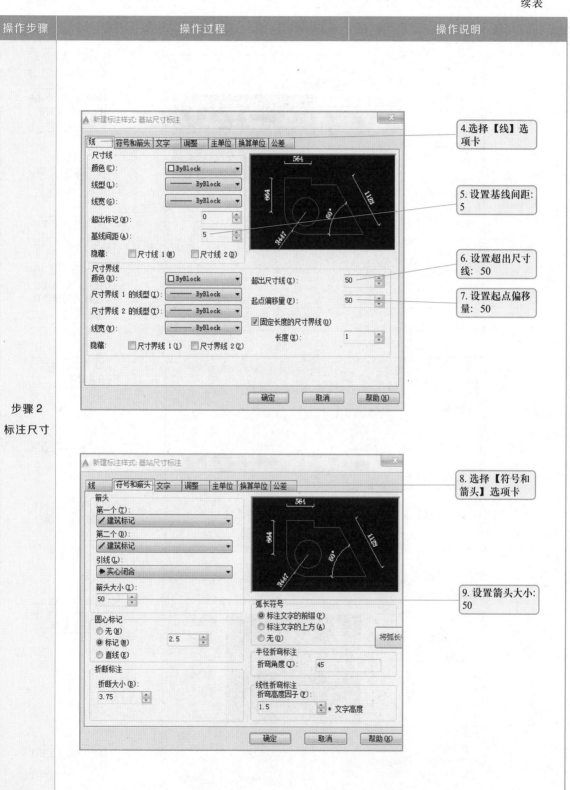	4.选择【线】选项卡 5.设置基线间距：5 6.设置超出尺寸线：50 7.设置起点偏移量：50 8.选择【符号和箭头】选项卡 9.设置箭头大小：50

续表

操作步骤	操作过程	操作说明
步骤2 标注尺寸	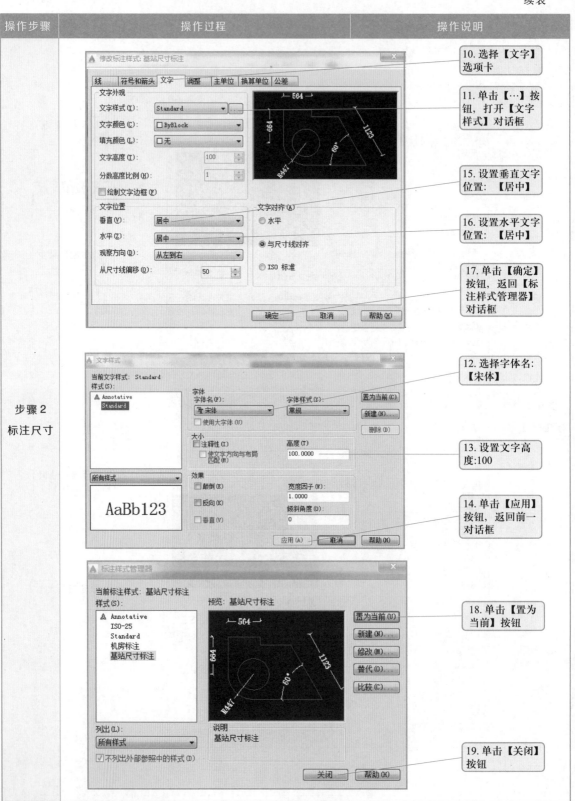	10. 选择【文字】选项卡 11. 单击【…】按钮，打开【文字样式】对话框 15. 设置垂直文字位置：【居中】 16. 设置水平文字位置：【居中】 17. 单击【确定】按钮，返回【标注样式管理器】对话框 12. 选择字体名：【宋体】 13. 设置文字高度：100 14. 单击【应用】按钮，返回前一对话框 18. 单击【置为当前】按钮 19. 单击【关闭】按钮

操作步骤	操作过程	操作说明
步骤2 **标注尺寸**	DIMLINEAR↙ 指定第一个尺寸界线原点或<选择对象>： 指定第二条尺寸界线原点： 指定尺寸线位置或 [多行文字(M)/文字(T)/角度(A)/水平(H)/垂直(V)/旋转(R)]： 标注文字=900 重复以上命令,完成剩下所有尺寸标注	调用线性尺寸标注命令 自动捕捉直线端点作为第1个尺寸界线原点 自动捕捉直线端点作为第2个尺寸界线原点 自动显示尺寸值
步骤3 **绘制图例**	命令： 命令： 命令：_copyclip 找到 5 个 命令： 命令： 命令：_pasteclip 指定插入点： 重复复制命令,完成矩形6和矩形8的复制 命令：_scale↙ 选择对象：指定对角点：找到 5 个 选择对象： 指定基点： 指定比例因子或[复制(C)/参照(R)]：0.4↙ 重复缩放命令,完成矩形6和矩形8的图形缩小处理 命令：_mtext↙ 当前文字样式："Standard"文字高度:100 注释性:否 指定第一角点： 指定对角点或[高度(H)/对正(J)/行距(L)/旋转(R)/样式(S)/宽度(W)/栏(C)]： 命令： 命令： 命令：_copyclip 找到 1 个 命令： 命令：	选中矩形1 按 Ctrl+C 组合键 按 Ctrl+V 组合键 指定插入点(门下方) 调用缩放命令 选择复制的矩形1 指定基点(矩形1的左下角) 输入比例因子值0.4,结束缩放命令 调用多行文本命令 指定任意角点作为第一角点 指定任意角点作为第二角点 输入文本内容,单击空白处,完成文字输入 选中文本框 按 Ctrl+C 组合键 按 Ctrl+V 组合键

续表

操作步骤	操作过程	操作说明
步骤3 绘制图例	命令：_pasteclip 指定插入点： 命令： 命令： 命令：_pasteclip 指定插入点： 命令： 命令： 命令：_pasteclip 指定插入点： 命令： 命令： 命令：_mtedit 重复以上文本编辑命令，完成图例相关文字的输入	指定插入点（复制矩形1右方） 按 Ctrl+V 组合键 指定插入点（复制矩形6右方） 按 Ctrl+V 组合键 指定插入点（复制矩形8右方） 双击复制文本框 按照要求编辑文本内容
步骤4 输入说明 文字	命令：_mtext↙ 当前文字样式：“Standard”文字高度：100 注释性：否 指定第一角点： 指定对角点或［高度（H）/对正（J）/行距（L）/旋转（R）/样式（S）/宽度（W）/栏（C）］： 输入文本内容，单击空白处，完成文字输入	调用多行文本命令 指定任意角点作为第一角点 指定任意角点作为第二角点
步骤5 绘制表格	命令：_table 	调用表格命令，打开【插入表格】对话框 1.选中【自数据链接】单选按钮 2.单击【启动】按钮，打开【选择数据链接】对话框 3.选择【创建新的 Excel 数据链接】 4.输入数据链接名称 5.单击【确定】按钮

续表

操作步骤	操作过程	操作说明
步骤5 绘制表格		6. 单击【…】按钮,打开【另存为】对话框 7. 选择正确的目录路径 8. 选中插入文件 9. 单击【打开】按钮 10. 单击【确定】按钮 11. 单击【确定】按钮 12. 单击【确定】按钮
	指定插入点插入表格,并对表格进行调整	

以上各步骤的绘制效果如图 12-2 所示。

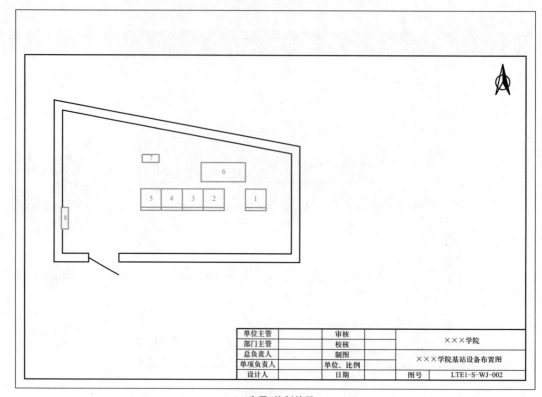

(a) 步骤1绘制效果

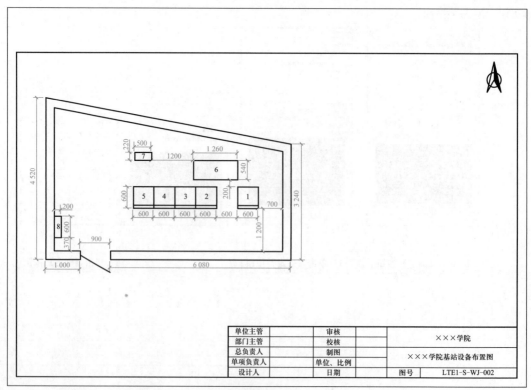

(b) 步骤2绘制效果

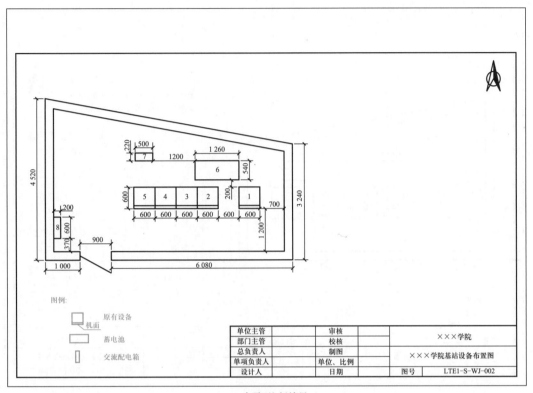

(c) 步骤3绘制效果

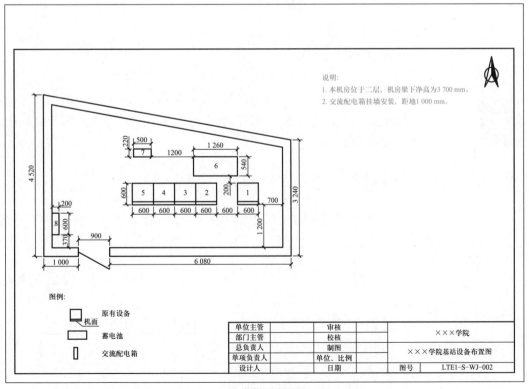

(d) 步骤4绘制效果

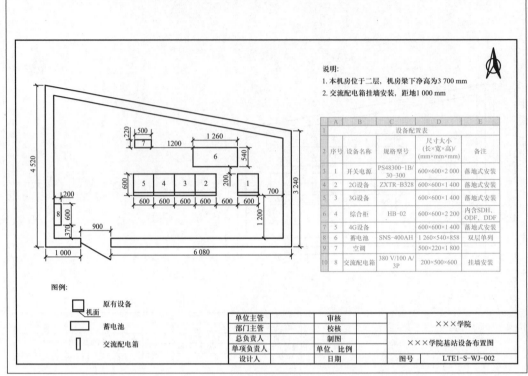

说明:
1. 本机房位于二层,机房梁下净高为3 700 mm
2. 交流配电箱挂墙安装,距地1 000 mm

A	B	C	D	E
1			设备配置表		
2	序号	设备名称	规格型号	尺寸大小(长×宽×高)/(mm×mm×mm)	备注
3	1	开关电源	PS48300-1B/30-300	600×600×2 000	落地式安装
4	2	2G设备	ZXTR-B328	600×600×1 400	落地式安装
5	3	3G设备		600×600×1 400	落地式安装
6	4	综合柜	HB-02	600×600×2 200	内含SDH、ODF、DDF
7	5	4G设备		600×600×1 400	落地式安装
8	6	蓄电池	SNS-400AH	1 260×540×858	双层单列
9	7	空调		500×220×1 800	
10	8	交流配电箱	380 V/100 A/3P	200×500×600	挂墙安装

图例:
机面　原有设备
蓄电池
交流配电箱

单位主管		审核		×××学院
部门主管		校核		
总负责人		制图		×××学院基站设备布置图
单项负责人		单位、比例		
设计人		日期	图号	LTE1-S-WJ-002

(e) 步骤5绘制效果

图 12-2　基站设备布置图各步骤绘制效果

12.4　知识解读

　　尺寸是工程图纸中一项重要内容,它描述了对象的大小和相对位置关系,是实际生产、施工的重要依据。在对图形进行尺寸标注前,需先了解尺寸标注的组成、类型及使用方法等。

12.4.1　尺寸标注的组成

　　一个完整的尺寸标注由尺寸界线、尺寸线、尺寸文字、尺寸箭头4部分组成,如图 12-3 所示。

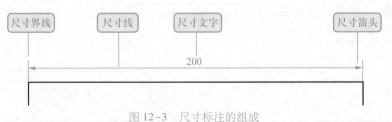

图 12-3　尺寸标注的组成

　　● 尺寸界线:用来表明标注的界线,在进行标注时,尺寸界线自动从所标注的对象上延伸出来。

- 尺寸线:用来表明标注的方向和范围,通常与所标注对象平行。
- 尺寸文字:用来表明图形对象的尺寸大小,通常位于尺寸线的上方或中断处。
- 尺寸箭头:位于尺寸线的两端,用来表明标注的起止位置。

12.4.2　尺寸标注的类型

AutoCAD 2019 提供了多种标注方法用以标注图形对象。常用的尺寸标注类型如图 12-4 所示,有线性标注、对齐标注、连续标注、基线标注、直径标注、半径标注、圆心标注、角度标注等。

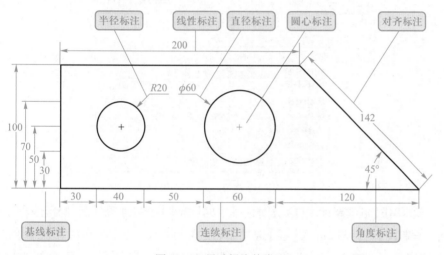

图 12-4　尺寸标注的类型

12.4.3　尺寸标注样式

1. 应用范围

在 AutoCAD 2019 中,尺寸标注的效果是由标注样式决定的。因此在进行尺寸标注前,应设置标注样式。不同场合下尺寸标注要求的效果不同,可以通过设置不同的尺寸标注样式来满足不同的要求。

2. 调用方法

- 菜单栏:选择【格式】|【标注样式】菜单命令。
- 面板:单击【注释】面板中的【标注样式】按钮。
- 命令行:输入 DIMSTYLE(D) 。

3. 操作步骤

① 调用尺寸标注样式命令,弹出【标注样式管理器】对话框,如图 12-5 所示。单击【新建】按钮,打开【创建新标注样式】对话框,如图 12-6 所示,在【新样式名】

文本框中输入"通信工程制图"。

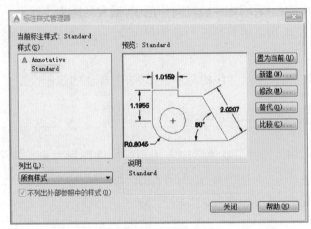

图 12-5　【标注样式管理器】对话框

图 12-6　【创建新标注样式】对话框

　　② 单击【创建新标注样式】对话框中的【继续】按钮,打开【新建标注样式:通信工程制图】对话框,进入【线】选项卡,设置尺寸线、尺寸界线的相关参数,如图 12-7 所示。其中,超出标记用于控制在使用倾斜、建筑标记、积分箭头或无

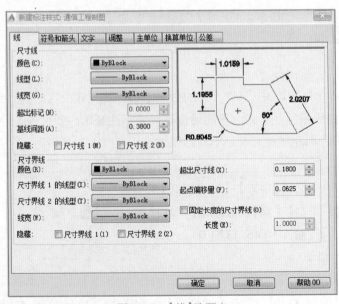

图 12-7　【线】选项卡

箭头时,尺寸线延长到尺寸界线外面的长度;基线间距用于控制使用基线型尺寸标注时,两条尺寸线之间的距离。

③ 选择【符号和箭头】选项卡,如图 12-8 所示,进行箭头的大小和类型、圆心标记、弧长符号等相关参数的设置。

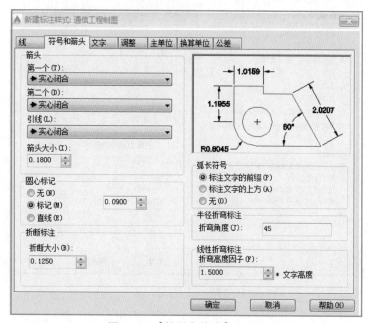

图 12-8 【符号和箭头】选项卡

④ 选择【文字】选项卡,如图 12-9 所示,设置标注文字外观、位置和对齐方式。

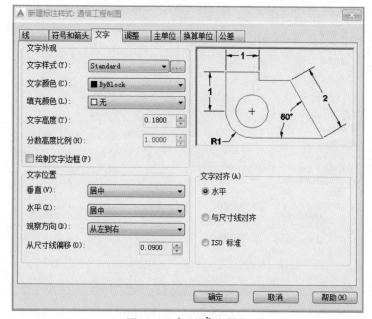

图 12-9 【文字】选项卡

⑤ 选择【调整】选项卡,如图 12-10 所示,设置文字、箭头、引线和尺寸线的位置。

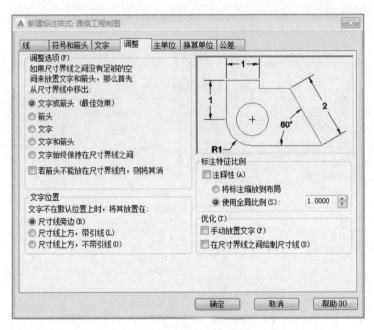

图 12-10 【调整】选项卡

⑥ 选择【主单位】选项卡,如图 12-11 所示,设置标注的格式、精度等参数。

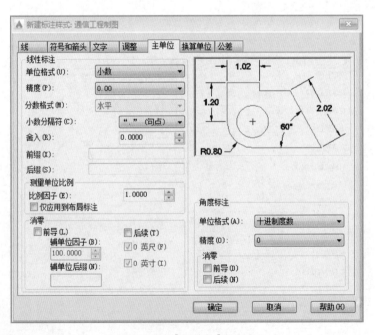

图 12-11 【主单位】选项卡

⑦ 选择【换算单位】选项卡,如图 12-12 所示,设置换算单位的格式。

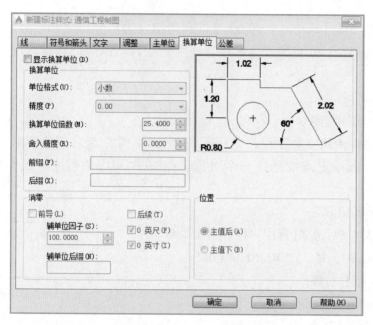

图 12-12 【换算单位】选项卡

⑧ 选择【公差】选项卡,如图 12-13 所示,设置公差的格式和精度。

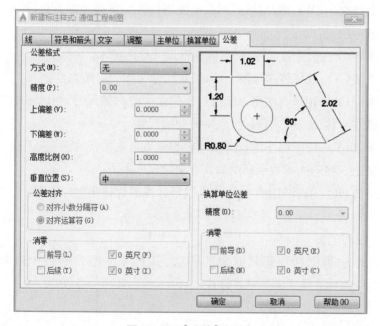

图 12-13 【公差】选项卡

微课
尺寸标注

测验
尺寸标注随
堂测验

12.4.4　尺寸标注

设置好尺寸标注样式后,便可以利用相应的尺寸标注命令对图形对象进行尺寸标注。常见的尺寸标注有线性标注、对齐标注、连续标注、基线标注等。

1. 线性标注

(1) 应用范围

线性标注用于标注用户坐标系 XY 平面中两个点之间的距离测量值,标注时可以指定点或选择一个对象。图 12-14 中的标注样式即为线性标注。

(2) 调用方法

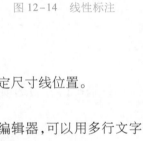

图 12-14　线性标注

- 菜单栏:选择【标注】|【线性】菜单命令。

- 命令行:输入 DIMLINEAR(DLI)。

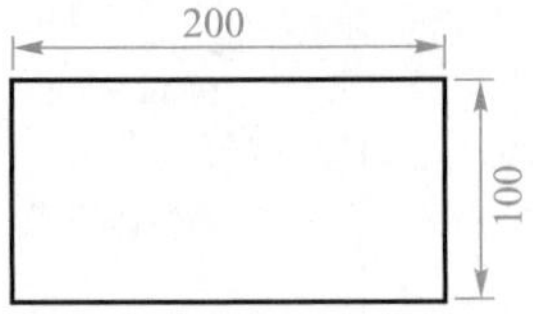

(3) 操作步骤

① 调用线性标注命令。

② 选择第 1 条尺寸界线原点。

③ 选择第 2 条尺寸界线原点。

④ 指定尺寸线位置:拖动鼠标至合适位置,单击确定尺寸线位置。

线性标注命令各相关选项的含义如下。

- 多行文字(M):选择该选项时,系统将打开文字编辑器,可以用多行文字来标注尺寸。

- 文字(T):选择该选项时,可以编辑尺寸标注文本。

- 角度(A):选择该选项时,可以设置尺寸文本的旋转角度。

- 水平(H):用于标注两点间或对象的水平方向的尺寸,可以不输入 H,直接左右移动光标表示标注水平方向的尺寸。

- 垂直(V):用于标注两点间或对象的垂直方向的尺寸,可以不输入 V,直接上下移动光标表示标注垂直方向的尺寸。

- 旋转(R):用于在标注过程中设置尺寸线的旋转角度。

2. 对齐标注

(1) 应用范围

对齐标注用于标注倾斜对象的长度,其尺寸线始终平行于被测对象。图 12-15 中的标注样式即为对齐标注。

(2) 调用方法

- 菜单栏:选择【标注】|【对齐】菜单命令。

- 命令行:输入 DIMALIGNED(DAL)。

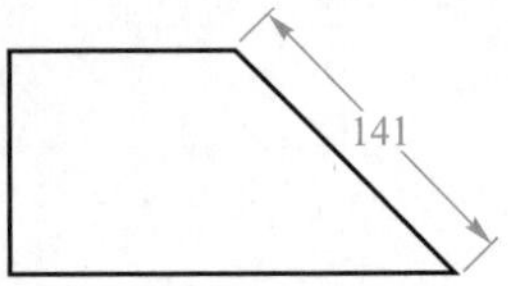

图 12-15　对齐标注

（3）操作步骤

① 调用对齐标注命令。

② 选择第1条尺寸界线原点(或者按 Enter 键进入"选择对象"选项)。

③ 选择第2条尺寸界线原点。

④ 指定尺寸线位置:拖动鼠标至合适位置,单击确定尺寸线位置。

3. 连续标注

（1）应用范围

连续标注用于创建一系列端对端放置的标注,每个连续标注都从前一个标注的第2个尺寸界线处开始。图12-16中的标注样式即为连续标注。

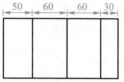

图12-16　连续标注

（2）调用方法

· 菜单栏:选择【标注】|【连续】菜单命令。

· 命令行:输入 DIMCONTINUE(DCO)。

（3）操作步骤

① 进行连续标注之前,必须先有线性或对齐标注,在它们的基础上才能进行连续标注。

② 调用连续标注命令。执行连续标注命令后,每一个连续标注都从前一个尺寸标注的第2条尺寸界线处开始。

③ 指定第2条尺寸界线原点。

④ 可重复指定第2条尺寸界线原点,直至完成。

4. 基线标注

（1）应用范围

基线标注用于创建一系列由相同的标注原点测量出来的标注。图12-17中的标注样式即为基线标注。

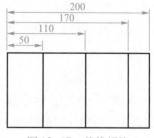

图12-17　基线标注

（2）调用方法

· 菜单栏:选择【标注】|【基线】菜单命令。

· 命令行:输入 DIMBASELINE(DBA)。

（3）操作步骤

① 进行基线标注之前,必须先有线性或对齐标注,在它们的基础上才能进行基线标注。此标注的第1条界线称为基准线,简称基线。

② 调用基线标注命令。执行基线标注命令后,每一个基线标注都从基准线开始。

③ 指定第2条尺寸界线原点。

④ 可重复指定第2条尺寸界线原点,直至完成。

5. 直径与半径标注

（1）应用范围

利用直径与半径标注可以标注所选圆或圆弧的直径或半径尺寸。图12-18中的标注样式即为直径、半径标注。

（2）调用方法

- 菜单栏：选择【标注】|【直径】或【半径】菜单命令。
- 命令行：输入 DIMDIAMETER（DDI）或 DIMRADIUS（DRA）。

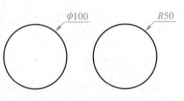

图12-18　直径、半径标注

（3）操作步骤

① 调用直径/半径标注命令。

② 选取圆弧或圆：用鼠标直接选定图形对象。

③ 指定尺寸线位置：拖动鼠标至合适位置，单击确定尺寸线位置。

④ 可重复指定第2条尺寸界线原点，直至完成。

6. 圆心标记

（1）应用范围

利用圆心标记可以标记所选圆或圆弧的圆心所在位置。

（2）调用方法

- 菜单栏：选择【标注】|【圆心标记】菜单命令。
- 命令行：输入 DIMCENTER（DCE）。

（3）操作步骤

① 调用直径/半径标注命令。

② 选取圆弧或圆：用鼠标直接选定图形对象，系统将自动标注圆心位置。

圆心标记形式可在标注样式对话框的【符号和箭头】选项卡中设置。

7. 角度标注

（1）应用范围

角度标注用于标注圆和圆弧的角度、任意两条不平行直线间的角度。图12-19中的标注样式即为角度标注。

（2）调用方法

- 菜单栏：选择【标注】|【角度】菜单命令。
- 命令行：输入 DIMANGULAR（DAN）。

（3）操作步骤

① 调用角度标注命令。

② 选取标注对象。

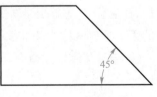

图12-19　角度标注

③ 指定标注弧线位置:拖动鼠标至合适位置,单击确定标注弧线位置。

12.5 拓展案例

案例 1 利用标注命令完成实训室平面图的尺寸标注,如图 12-20 所示。

微课
实训室平面
图尺寸标注

素材
实训室平面图

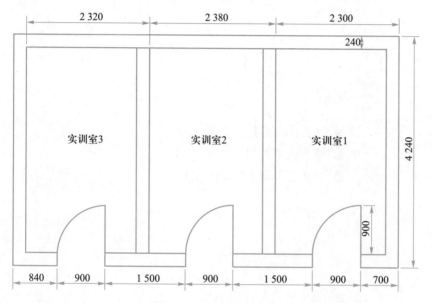

图 12-20 实训室平面图

案例 2 利用多线命令、直线命令、文字命令、填充命令、标注命令完成基站工艺图的绘制,如图 12-21 所示。

微课
基站工艺图
尺寸标注

素材
基站工艺图

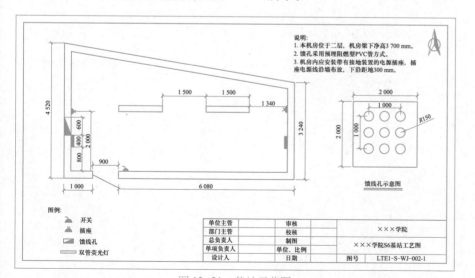

图 12-21 基站工艺图

任务13
基站走线架绘制

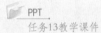

知识目标

● 掌握图层的相关知识
● 掌握线型的相关知识
● 掌握延伸命令的操作方法

能力目标

● 完成基站走线架的绘制
● 利用图层命令完成通信线路工程图的图层更改
● 利用多个图层完成基站工艺图的绘制

13.1 任务描述

小王在绘制完成×××学院 S6 基站设备布置图后,需要将室外布放的光缆布放到机房室内的 ODF 架上,光缆布放要符合机房走线工艺要求,为此需要绘制出走线架图,以便于后期施工人员将光缆沿走线架布放到综合柜的 ODF 架上。本任务要求小王在基站建筑平面图的基础上继续绘制如图 13-1 所示的基站走线架,并将其保存在计算机桌面上以"学号+姓名"命名的文件夹中,文件名的命名规则为:学号+姓名+"任务 13 基站走线架绘制"。

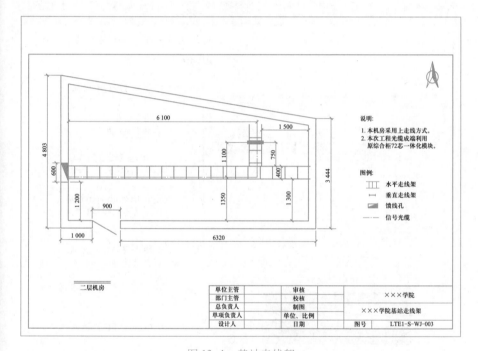

图 13-1 基站走线架

13.2 任务分析

由图 13-1 和素材文件可知,基站走线架由水平走线架、垂直走线架、信号光缆及其他辅助要素组成,且每个功能部分利用不同的颜色表示。因此,在具体实现过程中,首先利用图层命令创建水平走线架、垂直走线架、馈线孔、信号光缆、尺寸标注 5 个图层,其余部分采用默认图层颜色,然后利用直线命令绘制水平走线架、垂直走线架、信号光缆,再利用直线和填充命令绘制馈线孔,接着利用尺寸标注命令完成尺寸标注,最后利用缩放命令、移动命令和文字命令完成图例绘制。

微课

基站走线架
绘制

测验

基站走线架绘
制随堂测验

13.3　任务实施

在任务分析的基础上,利用图层命令、直线命令、偏移命令、尺寸标注命令、文字命令、缩放命令等绘制基站走线架,具体步骤如表 13-1 所示。

表 13-1　基站走线架绘制步骤

操作步骤	操作过程	操作说明
步骤1 创建图层	命令:_open↙	打开素材文件"11-1 基站建筑平面图.dwg"
	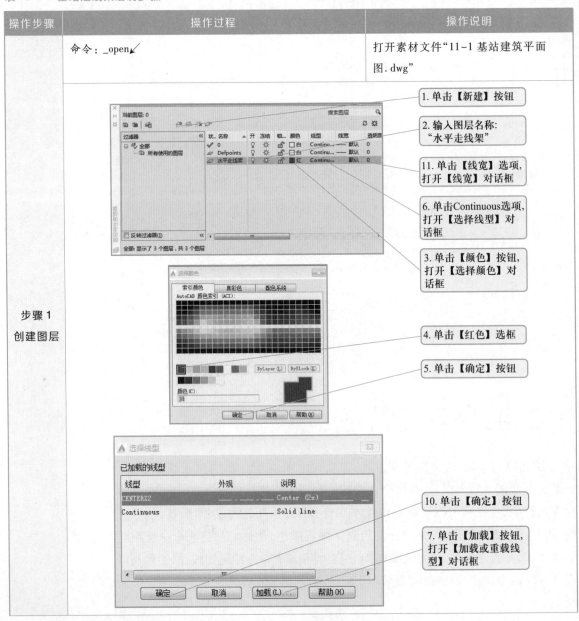	1. 单击【新建】按钮 2. 输入图层名称:"水平走线架" 11. 单击【线宽】选项,打开【线宽】对话框 6. 单击Continuous选项,打开【选择线型】对话框 3. 单击【颜色】按钮,打开【选择颜色】对话框 4. 单击【红色】选框 5. 单击【确定】按钮 10. 单击【确定】按钮 7. 单击【加载】按钮,打开【加载或重载线型】对话框

续表

操作步骤	操作过程	操作说明
步骤1 创建图层	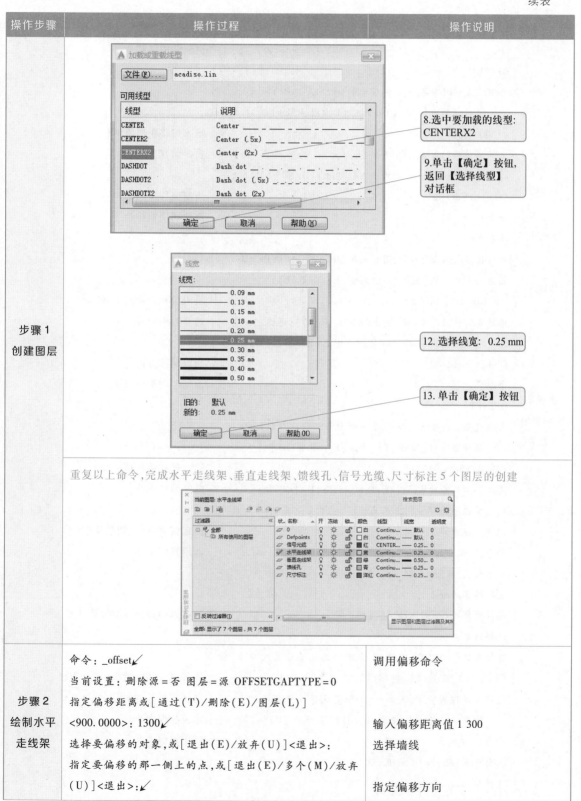 8.选中要加载的线型：CENTERX2 9.单击【确定】按钮，返回【选择线型】对话框 12.选择线宽：0.25 mm 13.单击【确定】按钮 重复以上命令,完成水平走线架、垂直走线架、馈线孔、信号光缆、尺寸标注5个图层的创建	
步骤2 绘制水平 走线架	命令：_offset✓ 当前设置：删除源=否 图层=源 OFFSETGAPTYPE=0 指定偏移距离或[通过(T)/删除(E)/图层(L)] <900.0000>：1300✓ 选择要偏移的对象,或[退出(E)/放弃(U)]<退出>： 指定要偏移的那一侧上的点,或[退出(E)/多个(M)/放弃(U)]<退出>：✓	调用偏移命令 输入偏移距离值1 300 选择墙线 指定偏移方向

操作步骤	操作过程	操作说明
步骤2 绘制水平 走线架	命令: OFFSET 当前设置:删除源=否 图层=源 OFFSETGAPTYPE=0 指定偏移距离或[通过(T)/删除(E)/图层(L)] <1300.0000>:400↙ 选择要偏移的对象,或[退出(E)/放弃(U)]<退出>: 指定要偏移的那一侧上的点,或[退出(E)/多个(M)/放弃 (U)]<退出>:↙ 命令: OFFSET 当前设置:删除源=否 图层=源 OFFSETGAPTYPE=0 指定偏移距离或[通过(T)/删除(E)/图层(L)] <400.0000>:1900↙ 选择要偏移的对象,或[退出(E)/放弃(U)]<退出>: 指定要偏移的那一侧上的点,或[退出(E)/多个(M)/放弃 (U)]<退出>:↙ 命令: OFFSET 当前设置:删除源=否 图层=源 OFFSETGAPTYPE=0 指定偏移距离或[通过(T)/删除(E)/图层(L)] <1900.0000>:400↙ 选择要偏移的对象,或[退出(E)/放弃(U)]<退出>: 指定要偏移的那一侧上的点,或[退出(E)/多个(M)/放弃 (U)]<退出>: 命令:_extend↙ 当前设置:投影=UCS,边=无 选择边界的边… 选择对象或<全部选择>:找到1个 选择对象: 选择要延伸的对象,或按住Shift键选择要修剪的对象,或 [栏选(F)/窗交(C)/投影(P)/边(E)/放弃(U)]: 选择要延伸的对象,或按住Shift键选择要修剪的对象,或 [栏选(F)/窗交(C)/投影(P)/边(E)/放弃(U)]:↙ 命令:_trim↙ 当前设置:投影=UCS,边=无 选择剪切边…	重新调用偏移命令 输入偏移距离值400 选择偏移直线 指定偏移方向 重新调用偏移命令 输入偏移距离值1 900 选择右侧墙线 指定偏移方向 重新调用偏移命令 输入偏移距离值400 选择偏移直线 指定偏移方向,结束偏移命令 调用延伸命令 选择延伸边界左侧墙体 选择要延伸的对象(偏移直线) 选择要延伸的对象(偏移直线) 结束延伸命令 调用修剪命令

续表

操作步骤	操作过程	操作说明
步骤2 绘制水平 走线架	选择对象或<全部选择>：找到 1 个	选择修剪边界水平直线
	选择对象：	
	选择要修剪的对象，或按住 Shift 键选择要延伸的对象，或 ［栏选（F）/窗交（C）/投影（P）/边（E）/删除（R）/放弃 （U）］：	选择修剪对象:垂直直线
	选择要修剪的对象，或按住 Shift 键选择要延伸的对象，或 ［栏选（F）/窗交（C）/投影（P）/边（E）/删除（R）/放弃 （U）］：↙	选择修剪对象:垂直直线 结束修剪命令
	命令：_line↙	调用直线命令
	指定第一个点：	自动捕捉直线的端点
	指定下一点或［放弃（U）］：200	输入直线长度值200
	指定下一点或［放弃（U）］：400	输入直线长度值400
	指定下一点或［闭合（C）/放弃（U）］：↙	结束直线命令
	重复直线命令,完成垂直方向走线架直线绘制	
	命令：_offset↙	调用偏移命令
	当前设置：删除源＝否 图层＝源 OFFSETGAPTYPE＝0	
	指定偏移距离或［通过（T）/删除（E）/图层（L）］ <400.0000>：400↙	输入偏移距离值400
	选择要偏移的对象，或［退出（E）/放弃（U）］<退出>：	选择绘制直线
	指定要偏移的那一侧上的点，或［退出（E）/多个（M）/放弃 （U）］<退出>：	指定偏移方向
	重复偏移命令,完成走线架内框绘制	
步骤3 绘制垂直 走线架	命令：_offset↙	调用偏移命令
	当前设置：删除源＝否 图层＝源 OFFSETGAPTYPE＝0	
	指定偏移距离或［通过（T）/删除（E）/图层（L）］ <400.0000>：700↙	输入偏移距离值700
	选择要偏移的对象，或［退出（E）/放弃（U）］<退出>：	选择水平直线
	指定要偏移的那一侧上的点，或［退出（E）/多个（M）/放弃 （U）］<退出>：	指定偏移方向
	命令：_line↙	调用直线命令
	指定第一个点：	自动捕捉直线的交点
	指定下一点或［放弃（U）］：50↙	输入直线长度值50
	指定下一点或［放弃（U）］：400↙	输入直线长度值400
	指定下一点或［闭合（C）/放弃（U）］：50↙	输入直线长度值50
	指定下一点或［闭合（C）/放弃（U）］：↙	结束直线命令

续表

操作步骤	操作过程	操作说明
步骤3 绘制垂直 走线架	命令：_mirror↙ 选择对象：找到 3 个,总计 3 个 选择对象： 指定镜像线的第一点：指定镜像线的第二点： 要删除源对象吗？[是(Y)/否(N)]<N>:↙ 命令：_.erase 找到 1 个	调用镜像对象 选择刚刚绘制的直线 自动捕捉直线的端点作为镜像轴线 完成图形镜像 删除辅助直线
步骤4 绘制馈 线孔	命令：_line↙ 指定第一个点： 指定下一点或[放弃(U)]:1200↙ 指定下一点或[放弃(U)]:240↙ 指定下一点或[放弃(U)]:600↙ 指定下一点或[闭合(C)/放弃(U)]:240↙ 指定下一点或[闭合(C)/放弃(U)]:600↙ 指定下一点或[闭合(C)/放弃(U)]: 指定下一点或[闭合(C)/放弃(U)]: 命令：_.erase 找到 1 个↙ 命令：_hatch↙ 拾取内部点或[选择对象(S)/放弃(U)/设置(T)]:正在 选择所有对象… 正在选择所有可见对象… 正在分析所选数据… 正在分析内部孤岛… 拾取内部点或[选择对象(S)/放弃(U)/设置(T)]:↙	调用直线命令 自动捕捉直线的端点 输入直线长度值1 200 输入直线长度值240 输入直线长度值600 输入直线长度值240 输入直线长度值600 自动捕捉直线的交点 结束直线命令 删除辅助直线调用 调用填充命令 选择 SOLID 填充图案 拾取馈线孔内容,结束填充命令
步骤5 绘制信号 光缆	命令：_line↙ 指定第一个点： 指定下一点或[放弃(U)]:50↙ 指定下一点或[放弃(U)]:5700↙ 指定下一点或[闭合(C)/放弃(U)]:1100↙ 指定下一点或[闭合(C)/放弃(U)]:↙	调用直线命令 自动捕捉直线的端点 输入直线长度值50 输入直线长度值5 700 输入直线长度值1 100 结束直线命令
步骤6 添加辅助 说明	命令：_mtext↙ 当前文字样式："Standard" 文字高度:100 注释性:否 指定第一角点： 指定对角点或[高度(H)/对正(J)/行距(L)/旋转(R)/样 式(S)/宽度(W)/栏(C)]: 输入文本内容,单击空白处,完成文字输入 命令：	调用多行文本命令 指定任意角点作为第一角点 指定任意角点作为第二角点 选中垂直方向的水平走线架

续表

操作步骤	操作过程	操作说明
步骤6 添加辅助 说明	命令： 命令：_copyclip 找到 6 个 命令： 命令： 命令：_pasteclip 指定插入点： 命令：_scale↙ 选择对象：指定对角点：找到 6 个 选择对象： 指定基点： 指定比例因子或［复制（C）/参照（R）］：0.4↙ 重复以上命令，完成垂直走线架、馈线孔、信号光缆等图例 的绘制	按 Ctrl+C 组合键 按 Ctrl+V 组合键 指定插入点（说明文字下方） 调用缩放命令 选择复制的水平走线架 指定基点（水平走线架的左下角） 输入比例因子值 0.4，结束缩放命令
步骤7 标注尺寸	DIMLINEAR↙ 指定第一个尺寸界线原点或<选择对象>： 指定第二条尺寸界线原点： 指定尺寸线位置或 ［多行文字（M）/文字（T）/角度（A）/水平（H）/垂直（V）/ 旋转（R）］： 标注文字 = 900 重复以上命令，完成剩下所有尺寸标注	调用线性尺寸标注命令 自动捕捉直线端点作为第 1 个尺寸界线 原点 自动捕捉直线端点作为第 2 个尺寸界线 原点 自动显示尺寸值

以上各步骤的绘制效果如图 13-2 所示。

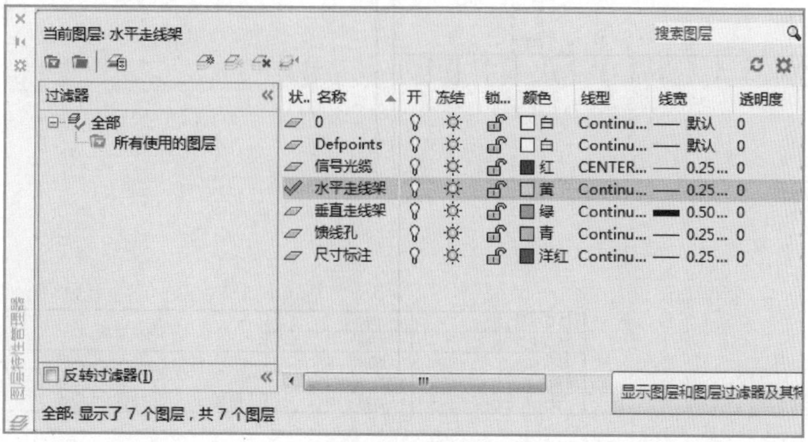

(a) 步骤1绘制效果

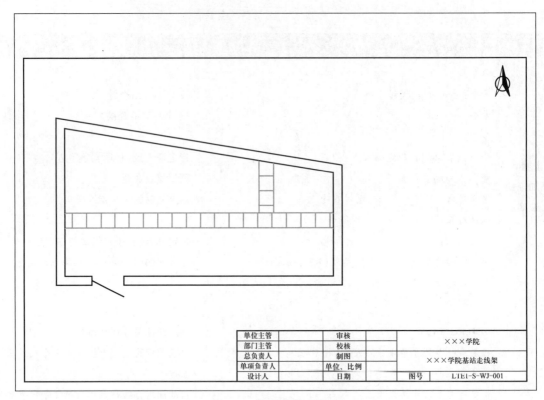

(b) 步骤2绘制效果

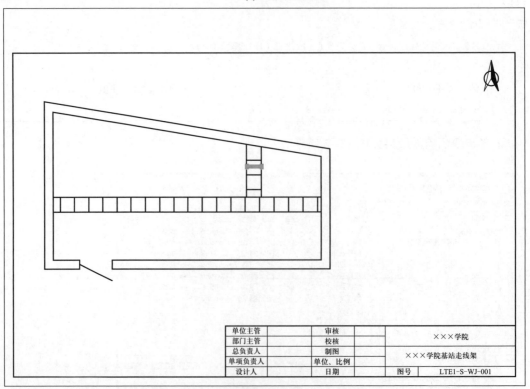

(c) 步骤3绘制效果

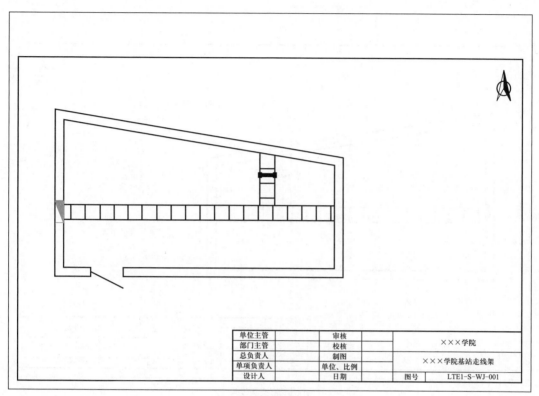

(d) 步骤4绘制效果

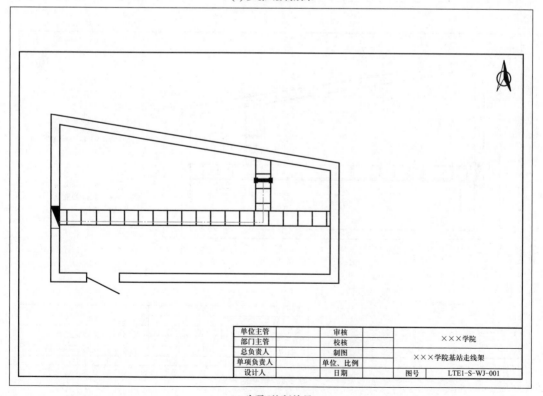

(e) 步骤5绘制效果

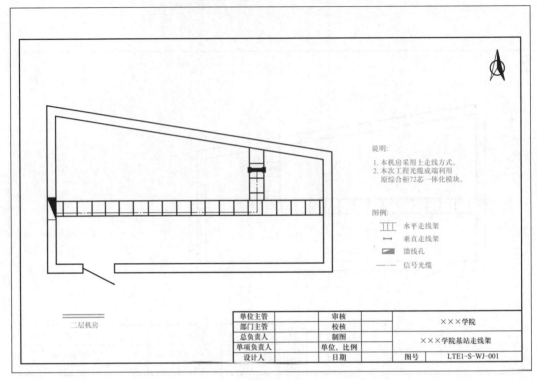

(f) 步骤6绘制效果

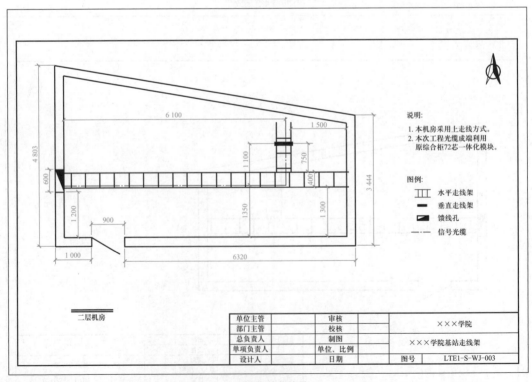

(g) 步骤7绘制效果

图 13-2 基站走线架各步骤绘制效果

13.4 知识解读

13.4.1 图层

图层是用来组织、管理图形的工具。为了便于管理或修改图形,可将具有相同或相关性质的对象绘制在一个图层中,以便将组成图形的各部分加以区分以及能够分别控制。

图层的建立不影响图形的整体性,图层好似一张透明的塑料片,每层塑料片大小相同,坐标系相同,单位相同,每片上有不同的组成对象,将这些塑料片重叠在一起就组成一幅完整的图形。如果想去掉一部分内容,就抽掉一些图片(关闭图层);如果只需要某一部分的内容,可选出相关图片(打开图层)组成另一张图形。

在 AutoCAD 2019 中,为了加强不同图层的图形编辑,系统提供了图层特性管理器,如图 13-3 所示。

微课
图层

测验
图层随堂测验

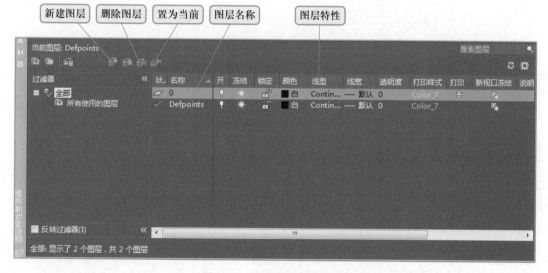

图 13-3 图层特性管理器

1. 应用范围

在图层特性管理器中,用户可以根据需要创建不同的图层,并设置颜色、线型、线宽等不同的特性。其中,图层 0 是系统自动生成的图层,不能被重命名和删除,但可以更改其图层特性。

2. 调用方法

- 菜单栏:选择【格式】|【图层】菜单命令。
- 面板:单击【图层】面板中的【图层特性】按钮 。

3. 图层特性

（1）打开/关闭图层

单击 图标，可以实现图层的打开或关闭。关闭图层可以使图层上的对象不可见。当某些图层需要频繁地切换其可见性时，应选择关闭该图层而不是冻结。这样，当再次打开已关闭的图层时，图层上的对象会自动重新显示。

（2）冻结/解冻图层

单击 图标，可以实现图层的冻结或解冻。已冻结图层上的对象不可见，并且不会遮盖其他对象。在复杂的图形中，冻结不需要的图层可以加快显示和重新生成的速度。解冻一个或多个图层可能会导致重新生成图形，冻结和解冻图层比打开和关闭图层需要花费更多的时间。

（3）锁定/解锁图层

单击 图标，可以实现图层的锁定或解锁。锁定某个图层后，用户无法修改该图层上的所有对象。锁定图层可以降低意外修改对象的可能性。此时，用户仍然可以将对象捕捉应用于锁定图层上的对象，且可以执行不会修改这些对象的其他操作。

（4）打印/不打印

单击 图标，可以设定该图层是否打印。如果指定某图层不打印，此时该图层上的对象仍然显示，但进行打印操作时，将不会打印该图层的内容。

（5）图层颜色

单击颜色名称将显示【选择颜色】对话框，可设置图层的默认颜色。为图形中各图层设置不同的颜色，可以方便、直观地查看图形中各部分的结构。

（6）图层线型

单击线型名称将显示【选择线型】对话框，可设置图层的默认线型。在工程图中，不同的线型表示不同的含义，设置图层线型有助于区分不同的图形对象。

（7）图层线宽

单击线宽名称将显示【线宽】对话框，可设置图层中线条的宽度，使用不同宽度的线条表示不同的对象类型。

13.4.2 线型

在图纸绘制过程中，经常需要采用不同的线型来表示不同的对象类型。设置线型主要包括设置颜色、线宽等，如图 13-4 所示。

1. 设置对象颜色

对象颜色默认为 ByLayer，即对象所在图层的颜色。

单击对象颜色下拉按钮，可以打开颜色选择下拉面板，如图 13-5 所示，在这里可以选定线条的颜色。

微课
线型

测验
线型随堂测验

图 13-4　【特性】面板

2. 设置线宽

单击线宽下拉按钮,在下拉列表中可以选择线条的宽度,如图 13-6 所示。选择【线宽设置】选项,系统将弹出【线宽设置】对话框,默认线宽为 0.25 mm。

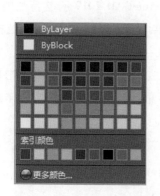

图 13-5　颜色选择下拉面板

图 13-6　线宽下拉列表

3. 设置线型

图层线型默认为 **ByLayer**,即对象所在图层的线型。

选择线型下拉列表中的【其他】选项,或者选择菜单栏中的【格式】|【线型】菜单命令,均可弹出【线型管理器】对话框,如图 13-7 所示。在【线型管理器】对话框中可以选择各类线型。如果在列表中无法找到需要的线型,单击【加载】按钮,将弹出【加载或重载线型】对话框,如图 13-8 所示。

图 13-7　【线型管理器】对话框

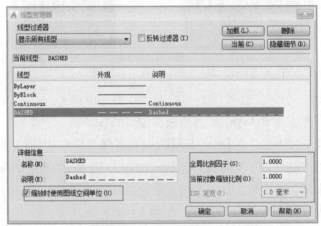

图 13-8 【加载或重载线型】对话框

【加载或重载线型】对话框中显示出 AutoCAD 2019 所支持的所有线型,包括虚线、点画线、双点画线等,可以根据绘制线条的需要进行选择,选择完成后单击【确定】按钮即可。

非连续线型的虚实间距由线型定义值和线型比例决定。单击【线型管理器】对话框中的【显示细节】按钮,对话框下方会出现线型的详细信息,如图 13-9所示。主要选项的含义如下。

图 13-9 线型详细信息

(1) 全局比例因子

该选项用于设置图形中所有线型的全局比例因子。该值设定得越大,所绘制的虚线或点画线中的实线部分就越长,也就是说,每个绘图单位中出现的重复图案就越少。

例如,将全局比例因子设置为 1 时,绘制出的虚线如图 13-10(a)所示;将全局比例因子设置为 5 时,绘制出的虚线如图 13-10(b)所示。

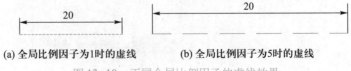

(a) 全局比例因子为1时的虚线　　　(b) 全局比例因子为5时的虚线

图 13-10 不同全局比例因子的虚线效果

（2）当前对象缩放比例

该选项用于设置当前对象的线型比例,最终的线型比例是全局比例因子与当前对象缩放比例的乘积。设置不同的全局比例因子和不同的当前对象缩放比例,绘制效果如图13-11所示。

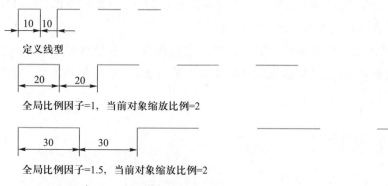

图13-11　不同参数下的虚线效果

（3）ISO笔宽

该选项用于把线型比例设置为标准ISO值列表中的一个,最终的线型比例是全局比例因子与ISO笔宽的乘积。ISO笔宽列表只对ISO线型有效。激活ISO笔宽设置,则该线型必须被设置为当前线型。

（4）缩放时使用图纸空间单位

选中此复选框,则根据图纸空间的单位,采用模型空间的线型尺寸单位来显示线型。也就是根据对象在图纸上的打印尺寸,按照设置的线型比例来缩放线条,而在模型空间则按对应比例进行显示,此时同一对象在两个空间的整体显示将有所不同。

13.4.3　延伸命令

1. 应用范围

延伸命令用于将直线、圆弧、椭圆弧、非闭合多段线延伸到一个边界对象,使其与边界对象相交。

2. 调用方法

- 菜单栏:选择【修改】|【延伸】菜单命令。
- 面板:单击【修改】面板中的【延伸】按钮 。
- 命令行:输入 EXTEND（EX）。

3. 操作步骤

① 调用延伸命令。

② 选择对象:在绘图区内选择图形对象或者按Enter键,选择全部图形。

微课
延伸命令

测验
延伸命令随堂测验

③ 选择要延伸的对象:选择需要延伸的图形对象,单击即可完成图形延伸。延伸命令各相关选项的含义如下。

● 栏选(F)/窗交(C):使用栏选或窗交方式选择对象时,可以快速地一次延伸多个对象。

● 投影(P):可以指定延伸对象时使用的投影方法(包括无投影、到 XY 平面投影以及沿当前视图方向的投影)。

● 边(E):可将对象延伸到隐含边界。当边界边太短,延伸对象后不能与其直接相交时,选择该选项可将边界边隐含延长,然后使对象延伸到与边界边相交的位置。

13.5   拓展案例

微课
通信线路工程
图图层添加

素材
通信线路工
程图

案例1   创建 5 个新图层,分别命名为"架空线路""管道线路""参照物""尺寸标注"和"基站示意图",并设为不同的颜色,完成×××通信线路工程图的图层更改,效果如图 13–12 所示(颜色请参考素材文件)。

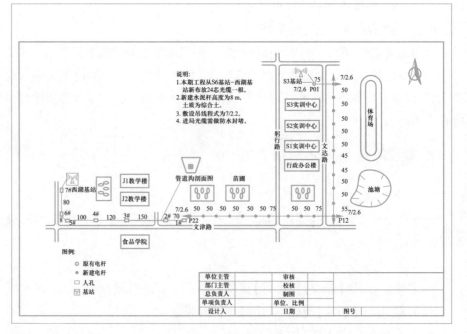

图 13–12   通信线路工程图

案例2   利用 5 个以上图层完成基站工艺图的绘制,如图 13–13 所示(颜色请参考素材文件)。

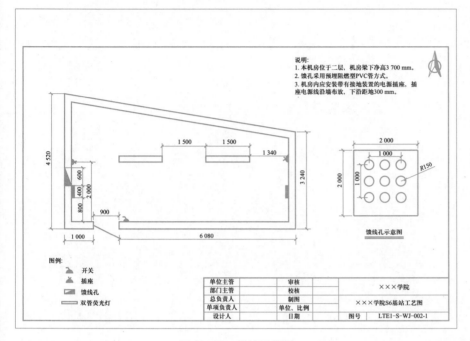

说明:
1. 本机房位于二层，机房梁下净高3 700 mm。
2. 馈孔采用预埋阻燃型PVC管方式。
3. 机房内应安装带有接地装置的电源插座，插座电源线沿墙布放，下沿距地300 mm。

馈线孔示意图

图例:
🔺 开关
🔺 插座
▱ 馈线孔
▭ 双管荧光灯

微课
基站工艺图
图层添加

素材
基站工艺图

单位主管		审核		×××学院
部门主管		校核		
总负责人		制图		×××学院S6基站工艺图
单项负责人		单位、比例		
设计人		日期		图号 LTE1-S-WJ-002-1

图 13-13　基站工艺图

项目3

×××地区通信基站光缆接入综合工程勘察

通信工程施工是比较复杂的系统工程，在工程施工前，首先应进行通信工程现场勘察。本项目以×××地区通信基站光缆接入综合工程为例，详细介绍通信线路工程和机房工程勘察的基本过程和方法。

任务14
基站光缆接入工程线路勘测

知识目标

- 掌握通信线路勘察的基础知识
- 掌握通信线路测量的基础知识

能力目标

- 完成×××基站光缆接入工程线路的现场查勘
- 完成×××基站光缆接入工程线路的现场测量
- 完成×××学院到×××电视台数据接入工程的现场勘测

14.1 任务描述

电信4G业务的开展以及其他电信运营商的全业务竞争给通信公司的发展带来了新的挑战。中国移动股份有限公司×××分公司在整体市场环境日益趋好的情况下,继续对现有网络进行改造,对网络进行必要的优化、调整,提高网络的安全性,为今后形成全业务竞争格局积极进行资源储备,以进一步提高公司的综合实力和竞争力。为此,中国移动股份有限公司×××分公司决定建设×××地区原A基站到原B基站的配套光缆接入工程。结合已建光缆情况及目前现有的网络现状,兼顾今后的发展,本期基站配套光缆接入工程的光缆芯数定为24芯。原A基站–原B基站的路由现状图如图14–1所示。中国移动股份有限公司×××分公司委托×××公司对该工程布放的24芯光缆路由进行现场勘测,×××公司委派公司项目经理小张进行勘测,收集勘测资料,绘制勘测草图。

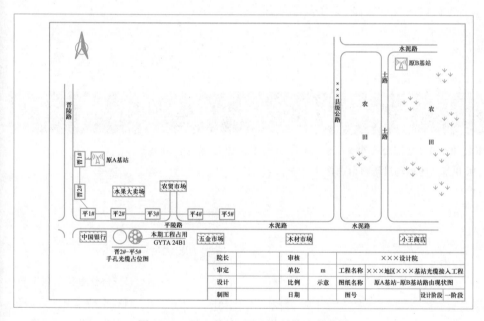

图 14–1 原 A 基站–原 B 基站路由现状图

素材
原 A 基站–
原 B 基站路
由现状图

14.2 任务分析

根据中国移动股份有限公司×××分公司的勘测委托书,要求本工程接入环为:原A基站–原B基站–清安基站–昆仑基站–马庄基站–南庄基站–横涧基站–平桥基站–原A基站。需解决原A基站–原B基站配套光缆线路接入问题。

在选择光缆线路路由时,应以现有的地形地物、建筑设施和既定的建设规划为主要依据,原 A 基站在晋陵路的东侧,原 B 基站在某水泥路与土路交叉的东南角。小张团队在实地勘察后发现在离原 A 基站不远处的晋陵路东侧有 2 个人孔,平陵路北侧有 5 个人孔,可以利用这一段旧的管道线路布放 24 芯光缆;由于原 B 基站在土路边上的农田里,所以可以选择建设架空线路,且根据架空线路工程设计规范要求,需建在原有的管道同一侧,也就是平陵路的北侧,这样便于将人孔中的光缆引上到架空线路。最终可确定原 A 基站–原 B 基站配套光缆工程的路由为:晋 1#–晋 2#–平 1#–平 2#–平 3#–平 4#–平 5#管道线路,从平 5#做一小段直埋线路便于用钢管引上,然后从平陵路北侧向东到土路的东边再向北一直到原 B 基站建设架空线路。

微课
基站光缆接
入工程勘测

测验
基站光缆接
入工程勘测
随堂测验

14.3 任务实施

在任务分析的基础上,项目经理小张带领大旗组、测距组、测绘组、测防组人员进行该工程的实施,具体步骤如表 14-1 所示。

表 14-1 原 A 基站–原 B 基站勘测步骤

操作步骤	操作过程	操作说明
步骤1 现场查勘	小张带领本公司小王、电信公司小吴、施工单位小朱根据设计规范要求到原 A 基站–原 B 基站的现场进行路由选择 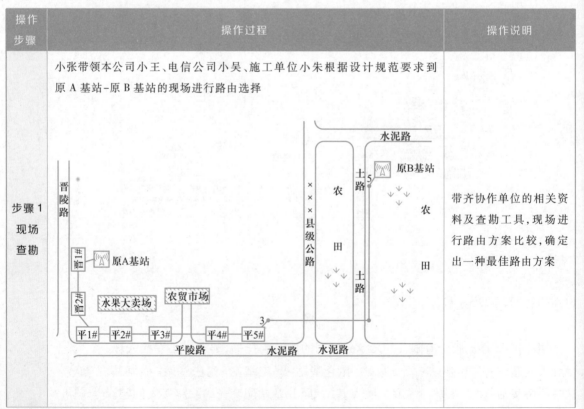	带齐协作单位的相关资料及查勘工具,现场进行路由方案比较,确定出一种最佳路由方案

续表

操作步骤	操作过程	操作说明
步骤2 现场测量	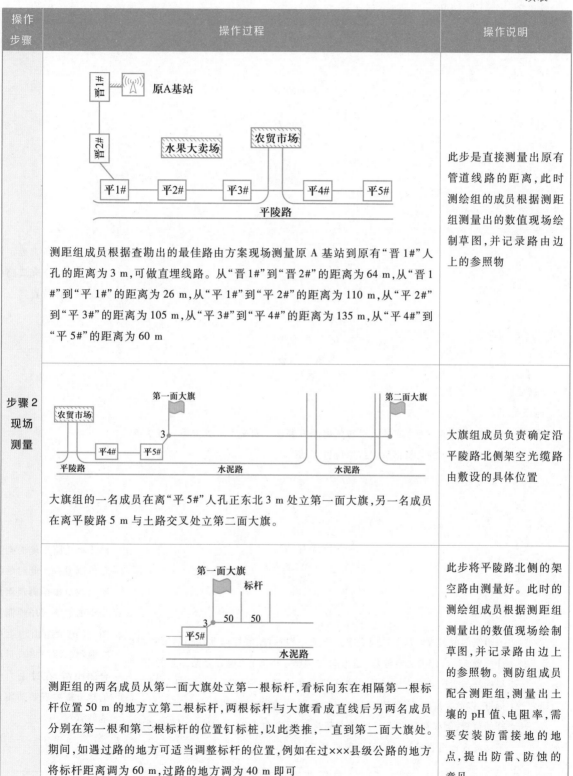测距组成员根据查勘出的最佳路由方案现场测量原 A 基站到原有"晋 1#"人孔的距离为 3 m,可做直埋线路。从"晋 1#"到"晋 2#"的距离为 64 m,从"晋 1#"到"平 1#"的距离为 26 m,从"平 1#"到"平 2#"的距离为 110 m,从"平 2#"到"平 3#"的距离为 105 m,从"平 3#"到"平 4#"的距离为 135 m,从"平 4#"到"平 5#"的距离为 60 m	此步是直接测量出原有管道线路的距离,此时测绘组的成员根据测距组测量出的数值现场绘制草图,并记录路由边上的参照物
	大旗组的一名成员在离"平 5#"人孔正东北 3 m 处立第一面大旗,另一名成员在离平陵路 5 m 与土路交叉处立第二面大旗。	大旗组成员负责确定沿平陵路北侧架空光缆路由敷设的具体位置
	测距组的两名成员从第一面大旗处立第一根标杆,看标向东在相隔第一根标杆位置 50 m 的地方立第二根标杆,两根标杆与大旗看成直线后另两名成员分别在第一根和第二根标杆的位置钉标桩,以此类推,一直到第二面大旗处。期间,如遇过路的地方可适当调整标杆的位置,例如在过×××县级公路的地方将标杆距离调为 60 m,过路的地方调为 40 m 即可	此步将平陵路北侧的架空路由测量好。此时的测绘组成员根据测距组测量出的数值现场绘制草图,并记录路由边上的参照物。测防组成员配合测距组,测量出土壤的 pH 值、电阻率,需要安装防雷接地的地点,提出防雷、防蚀的意见

操作步骤	操作过程	操作说明
步骤2 现场 测量	 大旗组中插第一面大旗的人员转到离原 B 基站正西南 5 m 处立第一面大旗,立第二面大旗的人员仍然保持原位置不动	大旗组成员负责确定沿土路东侧架空光缆路由敷设的具体位置
	 测距组的两名成员从第二面大旗处立第一根标杆,看标向北在相隔第一根标杆位置 55 m(因此处有池塘,适当向北调整了 5 m)的地方立第二根标杆,两根标杆与大旗看成直线后另两名成员分别在第一根和第二根标杆的位置钉标桩,以此类推,一直到第一面大旗处。期间,如遇特殊的地方可适当调整标杆的位置,例如在过电力线的地方将标杆距离调为 45 m 即可。到接近原 B 基站的 5 m 可直接用吊线引入到原 B 基站	此步将土路东侧的架空路由测量好。此时的测绘组成员根据测距组测量出的数值现场绘制草图,并记录路由边上的参照物。测防组成员配合测距组,在过电力线的地方需要安装防雷接地装置

素材
原 A 基站–
原 B 基站路
由勘察图

按照以上步骤进行勘测,绘制完成的路由勘察图如图 14–2 所示。

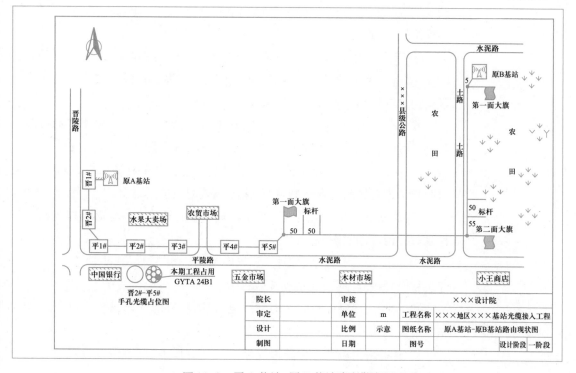

图 14–2　原 A 基站–原 B 基站路由勘察图

14.4　知识解读

14.4.1　查勘

测验
通信线路勘
测随堂测验

1. 路由选择

光缆路由的方案选择,应该以工程设计委托书和通信网络规划为基础,进行各种方案的对比。工程设计必须保证通信质量,使线路安全可靠、经济合理,且便于施工、维护。具体要求如下。

① 选择光缆线路路由时,应以现有的地形地物、建筑设施和既定的建设规划为主要依据,并充分考虑铁路、公路、水利、长途管线等有关部门发展规划的影响。

② 在符合大的路由走向的前提下,光缆线路路由宜沿靠公路(便于施工及维护),但应顺路取直(减少工程量,降低投资),避开路边设施和计划扩建改建的地段(预防拆迁)。

③ 光缆线路路由应选择在地质稳固、地势较为平坦的地段。尽量减少翻山

越岭,并避开可能因自然和人为因素造成危害的地段。路由的选择应充分考虑到线路的稳固、运行安全、施工及维护方便和投资经济的原则。

④ 光缆线路路由宜选择在地势变化不剧烈、土石方工程量较少的地方,避开滑坡、崩塌、泥石流、采矿区等对线路安全有害的地方。在障碍较多的地方应合理绕行,不宜强求长距离直线。

⑤ 若光缆穿越河流,当过河地点附近存在可供光缆敷设的永久性坚固桥梁时,光缆宜在桥上通过,在桥侧建筑管道敷设光缆。在保证安全的前提下,也可以采用定向钻孔或者架空方式敷设光缆过河。

⑥ 长途光缆不应在水坝上或坝基下敷设,如果必须在该地段通过时,必须报请工程主管单位和水坝主管单位相互协调,获得批准后方可实施。

⑦ 长途光缆不宜穿越大的工业用地(大型工矿企业等),当必须要从该处经过时应考虑对线路的安全影响,并采取有效的保护措施。

⑧ 光缆不宜穿越已经规划和正在规划中的开发区。当必须穿越时,必须考虑到对建设规划的影响。

⑨ 光缆线路不宜穿过森林区、果园及其他经济林区或防护林带。对于地面建筑和电力设施、通信线路,应尽量避开。

⑩ 光缆线路设计时应考虑到强电影响,不宜选择易遭雷击、腐蚀和机械损伤的地段。

⑪ 光缆路由应考虑到建设地域内的文物保护、环境保护等事宜,减少对原有水系及地面形态的扰动及破坏。

2. 站址选择

根据工程设计任务书和设计规范的有关规定选择分路站、转接站、有人增音站、光传输中继站,站址选择的具体要求不尽相同。

3. 对外联系

管道、光缆需穿越铁路、公路、重要河流、其他管线以及其他有关重要工程设施时,应与有关单位联系,重要部位需取得有关单位的书面同意。发生矛盾时应认真协商取得一致意见,问题重大的应签订正式书面协议。

4. 资料整理

根据现场查勘的情况进行全面总结,并对查勘资料进行下述整理和检查。

① 将主体路由、选择的站址、重要目标和障碍在地图上标注清楚。

② 整理出站间距离及其他设计需要的各类数据。

③ 提出对局部路由和站址的修正方案,分别列出各方案的优缺点进行比较。

④ 绘制出向城市建设部门申报备案的有关图纸。

⑤ 对查勘情况进行全面总结,并向建设单位汇报,认真听取意见,以便进一步完善方案。

14.4.2　测量

通信线路查勘工作结束后,应进行线路测量。测量工作很重要,它直接影响线路建筑的安全、质量、投资、施工维护等。同时,设计过程中很大一部分问题需在测量时解决,因此测量工作实际上是与现场设计的结合过程。

1. 测量前准备

人员配备:根据测量规模和难度,配备相应人员,并明确人员分工,制定日程进度。测量人员配备如表 14-2 所示。

表 14-2　测量人员配备

序号	工作内容	技术人员	技工	普工	备注
1	大旗组		1	2	
2	测距组:等级和障碍处理	1			
	前链、后杆、传标杆		1	2	人员可视情况适度增减
	钉标桩		1	1	
3	测绘组	1	1	1	
4	测防组		1	1	
5	对外调查联系	1			
	合计	2	6	7	

工具配备:根据工程类别和测量方法的需要,配备需要的测量工具。常用的工具有红白大旗(及附件)、经纬仪、标尺、绳尺、皮尺、钢卷尺、砍刀、指南针、望远镜、榔头、手锯、手水准仪、雨伞、测距仪、绘图用品、工具袋。另外还应准备标桩、红黑漆等辅助材料。

随着技术的进步,现在的查勘和测量工具也发生了一些变化,其工器具如表 14-3 所示。

表 14-3　查勘和测量用工器具

序号	工具名称	序号	工具名称
1	全站仪	11	室内红外测距仪
2	经纬仪	12	军用望远镜
3	地下管线测试仪	13	工作用数码相机
4	便携式测距仪	14	军用指北针
5	便携式测高仪	15	军用滚图仪
6	激光测距仪	16	量地链
7	对讲机	17	皮尺
8	手推式测距仪	18	花杆
9	接地电阻测试仪	19	大棋
10	GPS 定位仪	20	标桩

部分工具的作用如下。

- 军用指北针:定位北方向。
- GPS 定位仪:远距离测距、定位经纬度。
- 激光测距仪:测量距离,如测量楼间距、确定天馈系统位置。
- 皮尺、钢卷尺:测量距离,如机房各处尺寸大小等。
- 便携式测高仪:测量距离,如机房梁下净高度。
- 手推式测距仪:短距离测距。
- 接地电阻测试仪:测量接地电阻值,如机房接地点、铁搭接地电阻值。
- 工作用数码相机:记录书面无法表达清楚的信息。

2. 线路测量分工和工作内容

线路测量分工和工作要求如表14-4所示。

表 14-4 线路测量分工和工作要求

序号	任务分工	工作要求
1	大旗组 (1) 负责确定光缆敷设的具体位置。 (2) 大旗插定后,在 1∶50 000 地形图上标入。 (3) 发现新修公路、高压输电线、水利及其他重要建筑设施时,在 1∶50 000 地形图上补充绘入	(1) 与初步设计路由偏离不大,不设计与其他建筑物的隔距要求,不影响协议文件规定,允许适当调整路由,使更为合理和便于施工维护。 (2) 发现路由不妥时,应返工重测,个别特殊地段可测量两个方案,作技术经济比较。 (3) 注意穿越河流、铁路、输电线等的交越位置,注意与电力杆的隔距要求。 (4) 与军事目标及重要建筑设施的隔距,符合初步设计要求。 (5) 大旗位置选择在路由转弯点或高坡点,直线段较长时,中间增补 1~2 面大旗
2	测距组 (1) 负责路由测量长度的准确性。 (2) 登记和障碍处理由技术人员承担,对现场测距工作全面负责。 (3) 工作内容:配合大旗组用花杆定线定位、量距离、钉标桩、登记累计距离、登记工程量和对障碍物的处理方法、确定 S 弯预留量	(1) 保证丈量长度准确性的措施。 ① 至少每 3 天,用钢卷尺核对测绳长度一次。 ② 遇上、下坡,沟坎和需要 S 形上、下的地段,测绳要随地形与光缆的布放形态一致。 ③ 先由拉后链的技工将每测档距离写在标桩上。负责登记、钉标桩的测绘组工作人员到达每一标桩点时,都要进行检查,对有怀疑的可进行复量,并在工作过程中相互核对。每天工作结束时,总核对一遍,发现差错随时更正。 (2) 登记和障碍处理的工作内容。 ① 编写标桩编号。以累计距离作为标桩编号,一般只写百以下三位数。

序号	任务分工	工作要求
2	测距组 （1）负责路由测量长度的准确性。 （2）登记和障碍处理由技术人员承担,对现场测距工作全面负责。 （3）工作内容:配合大旗组用花杆定线定位、量距离、钉标桩、登记累计距离、登记工程量和对障碍物的处理方法、确定 S 弯预留量	② 登记过河、沟渠、沟坎的高度、深度、长度,穿越铁路、公路的保护民房,靠近坟墓、树木、房屋、电杆等的距离,各项防护加固措施和工程量。 ③ 确定 S 弯预留和预留量。 （3）钉标桩 ① 登记各测档内的土质、距离。 ② 每公里终点、转弯点、水线起止点、直线段每 100 m 钉一个标桩
3	测绘组 现场测绘图纸,经整理后作为施工图纸。负责所提供图纸的完整与准确	（1）图纸绘制内容与要求 ① 直埋光缆线路施工图以路由为主,将路由长度和穿越的障碍物准确地绘入图中。路由 50 m 以内地形地物要详绘,50 m 以外重点绘。与车站、村镇等的距离,也在图上标出。 ② 光缆穿越河流、渠道、铁路、公路、沟坎等所采取的各项防护加固措施。 ③ 图框规格:285 mm×800 mm(直埋光缆线路路由)。 ④ 绘图比例:直埋、架空、桥上光缆施工图,1:2 000;市区管道施工图,平面 1:500 或 1:1 000,断面 1:100;水底光缆施工图,平面 1:1 000 或 1:2 000,断面 1:100。 ⑤ 每页中间标出指北方向。 ⑥ 进入城市规划区内光缆施工图,按 1:5 000 或 1:10 000 地形图正确放大后,按比例补充绘入地形地物。 （2）与测距组共同完成的工作内容 ① 丈量光缆线路与孤立大树、电杆、房屋、坟墓等的距离。 ② 测定山坡路由中坡度大于 20°的地段。 ③ 三角定标:路由转弯点,穿越河流、铁路、公路和直线段每隔 1 km 左右。 ④ 测绘光缆穿越铁路、公路干线、堤坝的平面断面图。 ⑤ 绘制光缆引入局(站)进线室、机房内的布缆路由及安装图。

续表

序号	任务分工	工作要求
3	测绘组 现场测绘图纸,经整理后作为施工图纸。负责所提供图纸的完整与准确	⑥ 绘制光缆引入无人再生中继站的布缆路由及安装图。 ⑦ 复测水底光缆线路平面、断面图。 ⑧ 测绘市区新建管道的平面、断面图,原有管道路由及主要人孔展开图。 ⑨ 绘制光缆附挂桥上安装图。 ⑩ 绘制架空光缆施工图,包括配杆高、定拉线程式、定杆位和拉线地锚位置、登记杆上设备安装内容
4	测防组 配合测距组、测绘组提出防雷、防蚀的意见	(1) 土壤 pH 值和含有机质值的测试:按初步设计查勘的抽测值。 (2) 土壤电阻率的测试。 ① 平原地区:每 1 km 测值 ρ_2,每 2 km 测值 ρ_{10} 一处。 ② 山区:每 1 km 测值 ρ_2 和 ρ_{10} 各一处;测土壤电阻率有明显变化的地段。 ③ 需要安装防雷接地的地点
5	其他: (1) 对外调查联系 (2) 需要毒土防蚁的地段	

参考资料

架空线路测量及通信管道测量

3. 整理图纸

① 检查各项测绘图纸。

② 整理登记资料、测防资料和对外调查联系工作记录。

③ 统计光缆长度、各种工作量。

资料整理完毕后,测绘组应进行全面系统的总结,对路由与各项防护加固措施作重点的论述。

14.5 拓展案例

为了适应通信市场的发展,欲实现×××学院到×××电视台的数据接入,需布放一根 48 芯光缆。已知×××学院到×××电视台的尺寸如图 14-3 所示。

要求根据通信杆路或通信管道设计规范和现场建筑物及参照物的实际地理位置对该工程进行现场勘测,画出布放的 48 芯杆路或管道路由设计草图。(如果假设承德南路的西侧及明光路的东侧有电力杆,试说明通信杆路或管道设计的路由应该在图中的哪一侧。)

@素材

×××学院到×××电视台尺寸

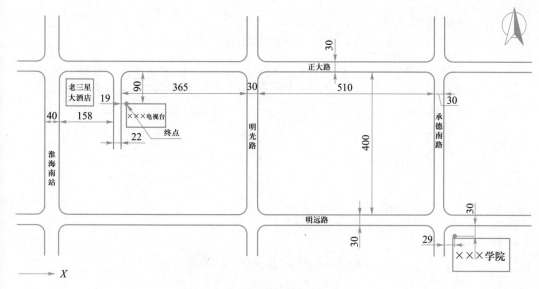

图 14-3 ×××学院到×××电视台尺寸

任务15
基站光缆接入工程机房勘测

知识目标

- 掌握通信机房站址选择原则
- 掌握通信机房勘察的基本过程

能力目标

- 完成×××基站光缆接入工程通信机房的现场查勘
- 完成×××基站光缆接入工程通信机房的现场测量
- 完成×××基站光缆接入工程通信机房草图的绘制
- 完成×××小区机房的现场查勘与测量

15.1　任务描述

　　中国移动股份有限公司×××分公司在完成×××地区原 A 基站到原 B 基站的配套光缆接入线路工程后,需要在 A 基站布置 TD-LTE 基站设备等,具体见表 15-1。已知 A 基站机房大小(长×宽×高)为 6 000 mm×4 000 mm×2 800 mm,门宽 1 400 mm,如图 15-1 所示。为了提高房间的利用率,要求在房间由西墙往东 1/3 处新建防静电地板隔断,即本次设计机房占房间的 1/3,且采用上走线方式,外电引入采用交流 380 V 三相五线制。中国移动股份有限公司×××分公司委托×××公司对该机房工程进行现场勘测,×××公司委派公司项目经理小张进行勘测,收集勘测资料,绘制勘测草图。

表 15-1　A 基站主要设备表

设备序号	设备名称	规格	设备外形尺寸（宽×深×高/mm×mm×mm）	单位	数量
1	开关电源	PS48300-1B/30-300A	600×600×2 000	架	1
2	综合柜	HB-00	600×600×2 000	架	1
3	TD-LTE 基站设备	BBU3910A	600×600×1 200	架	1
4	蓄电池组	SNS-400AH	1 198×656×1 042	组	2
5	交流配电箱	380V/100A/3P	500×200×600	套	1
6	扩容设备		600×600×2 000	架	1
7	空调			架	1

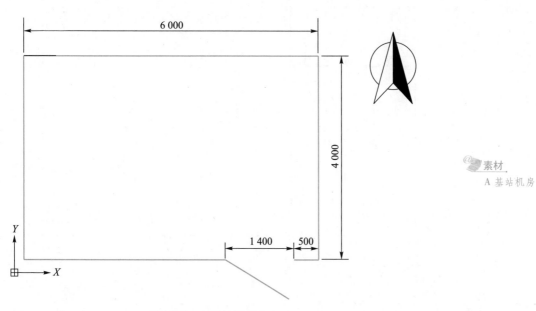

素材
A 基站机房

图 15-1　A 基站机房大小

15.2　任务分析

根据中国移动股份有限公司×××分公司的勘测委托书,要求在 A 基站的西墙往东 1/3 处,也就是距西墙 2 000 mm 处的空间布放开关电源、综合柜、TD−LTE 基站设备、蓄电池组、交流配电箱、扩容设备、空调。根据通信机房布局要求,设备布置以近期为主,扩容设备最好放在靠门近的地方,再考虑设备摆放时线缆的走向,同类型的设备尽量放在一起,使走线最短,所以把交流配电箱和开关电源、蓄电池组放在一起。开关电源位置确定后,考虑到整个机房的整齐性,可把综合柜、TD−LTE 基站设备及扩容设备放成一排,并留出一条维护走道。进行设备摆放时还要考虑设备尺寸及空间位置,由于蓄电池组的长、宽分别为 1 198 mm、656 mm,因此只能摆放成双层单列的形式。

微课

机房勘测

15.3　任务实施

在任务分析的基础上,项目经理小张带领小组成员进行该工程的实施,具体步骤如下。

① 如果蓄电池按图 15−2 所示进行摆放,会出现开关电源位置不够的问题(开关电源从 534 mm 处摆放,而其长度为 600 mm)。

素材

蓄电池摆放 1

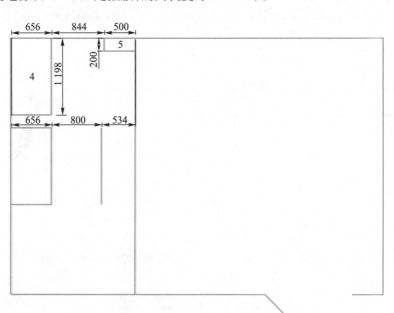

图 15−2　蓄电池摆放位置 1

② 如果蓄电池按图15-3所示进行摆放,会出现蓄电池尺寸超出范围的问题(1 198×2 mm>2 000 mm)。

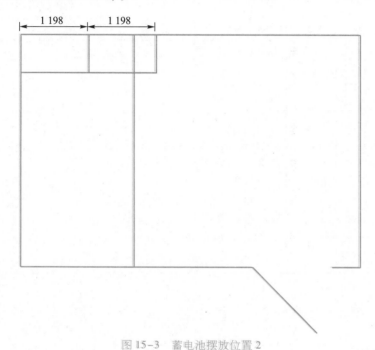

图15-3　蓄电池摆放位置2

③ 如果蓄电池按图15-4所示进行摆放(双层单列),虽然可以满足设备摆放要求,但若采用上走线方式,会增加走线架的数量,从而增加成本。

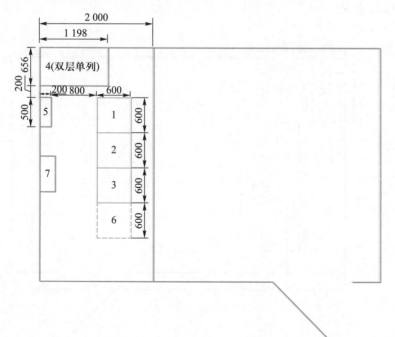

图15-4　蓄电池摆放位置3

④ 如果蓄电池按图 15-5 所示进行摆放（双层单列），并把交流配电箱挂墙安装（距地 1 000 mm），设备摆放即可满足要求。

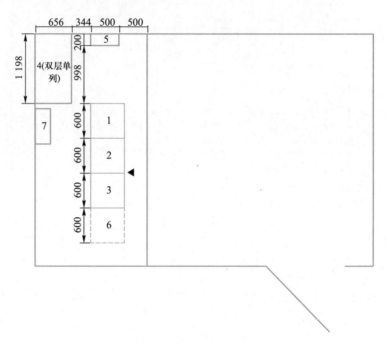

图 15-5　蓄电池摆放位置 4

⑤ 添加水平走线架后（走线架距地 2 200 mm，宽度为 400 mm），设计草图如图 15-6 所示。

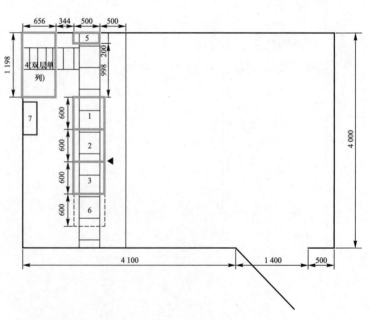

图 15-6　设计草图

15.4　知识解读

15.4.1　通信机房站址选择原则

站址选用原则应符合《电信专用房屋设计规范》的要求。

① 局、站址应有安全环境，不应选择在生产及储存易燃、易爆物质的建筑物和堆积场附近。

② 局、站址应选择在平坦地段，应避开断层，土坡边缘，古河道和有可能塌方、滑坡和有开采价值的地下矿藏或古迹遗址的地区。

③ 局、站址不应选在易受洪水淹灌的地区。如无法避开时，可选在基地高程高于要求的计算洪水水位 0.5 m 以上的地方。

④ 局、站址应有好的卫生环境，不宜选择在生产过程中散发有毒害气体、毒害物质、粉尘的工矿企业附近。

⑤ 局、站址应有安静的环境，不宜选择在城市广场、闹市地区、影剧院、汽车站、火车站等发生较大振动和较强噪声的工企业附近，必要时还应采取隔音、消声措施，降低噪声干扰。

⑥ 局、站址的占用面积要满足业务发展需要，不占用或少占用农田。

⑦ 高级长途中心局可与市话交换局、室内传输中心合建，但不得与邮政生产机房合建，原则上不与行政办公楼合建。

⑧ 低级长途中心局宜与市话汇接局合建，也可与高级长途中心合设。

⑨ 机房原则：不应有圆形、三角形机房，但现在机房选址比较困难，一般都租用或直接购买机房，最大利用机房面积。

⑩ 在局、站址选择时应考虑对周围环境影响的防护对策。

@ 素材

通信机房勘测随堂测验

15.4.2　通信机房勘察

1. 勘察准备

① 落实勘察具体的日期和相关联络人。

② 制订可行的勘察计划，包括勘察路线、日程安排及相关联系人。

③ 确认前期规划方案，包括机房位置、设备配置等。

④ 了解本期工程设备的基本特性，包括设备供应商、电源设备以及蓄电池等。

⑤ 对已有机房的勘察，应在勘察前打印出现有基站图纸，以便进行现场核实，省略勘测时间。

⑥ 配备必要的勘察工具，包括 GPS、皮尺、指北针、钢卷尺、数码相机、测距

参考资料

通信机房建筑构造设计、铁架安装设计、接地工程设计、设备布置及布线设计规范

仪、便携式计算机等。

2. 勘察草图绘制

① 机房平面图（原有机房和新建机房）。

② 机房工艺图。

③ 机房装修图。

④ 机房走线架安装示意图。

⑤ 机房走线路由图。

勘测时，尽量把所有相关的情况信息记录下来，如记录不够详细，可拍照存档。

3. 勘察步骤

① 记录所选站址建筑物的地址信息、所属信息等。

② 记录机房的基本信息，包括建筑物总楼层、机房所在楼层，画出机房平面图草图。

③ 机房内设备勘测，确定走线架、馈线窗位置。

④ 了解市电引入情况或机房内交直流供电情况，做详细记录，拍照存档。

⑤ 确定机房防雷接地情况。

⑥ 必要时对机房局部特别情况进行拍照。

15.5 拓展案例

随着通信产业的不断深入发展，宽带接入市场日益成熟，宽带业务的应用范围也逐渐扩大，不再局限于通信或数据领域，而是涵盖了包括数据、语音、视频等广泛的领域，即三网合一。同时，随着企业间竞争的加剧和白热化，伴随着企业的将是业务上的转型，而业务转型的先导则是网络的转型。要保证网络的整体竞争优势，必须提升接入网的带宽，以适应通信市场的高速发展。综合业务接入网是下一代网络（NGN）的重要组成部分之一，光纤到户（FTTH）是实现高带宽的数据接入的基本目标，要使接入网成为全透明的传送网络，成为全业务网络，消除最后一千米的瓶颈。

目前，GPON（以太网无源光网络）技术很好地解决了目前接入网的诸多问题，可以使 IP 接入网络更可靠、更稳定。它使得下一代网络上的语音、视频、数据等综合业务成为可能。

结合×××县 ODN（光配线网络）网线规划，欲在×××小区内新建一个 OLT（光线路终端）机房，以满足后期周边用户的需求。

已知×××小区机房现状及尺寸如图 15-7 所示。

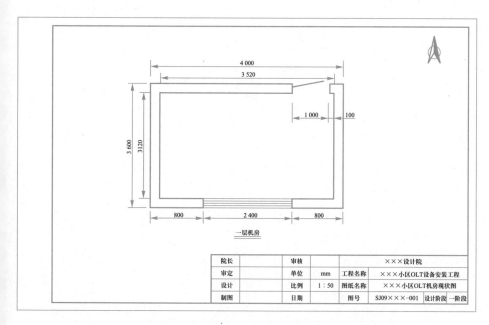

素材
×××小区
机房现状及
尺寸

图15-7　×××小区机房现状及尺寸

该机房位于该小区的一层,在该机房内配置的设备如表15-2所示。

表15-2　机房设备配置

序号	设备名称	单位	数量	尺寸(长×宽×高)/(mm×mm×mm)	备注
1	开关电源	架	1	600×600×1 800	本期新增
2	OLT 设备	台	1	600×600×1 800	本期新增
3	蓄电池	组	1	1 013×460×900	300AH
4	ODF	架	1	840×600×1 800	本期新增
5	交流配电箱	个	1		
6	空调	台	1		

现场勘察应包括对建筑物地理位置、建筑结构、布线路由、机房或设备器件安装点条件及配套系统引入条件等资料的收集和确认。

要求根据机房相关设计规范对×××小区 OLT 机房设备安装工程进行勘测,画出 OLT 机房装修图、机房设备平面布置图、机房走线架安装示意图、机房走线路由图等的草图。

项目 4

×××地区通信基站光缆接入综合工程设计

通信工程施工是比较复杂的系统工程，在进行完通信工程现场勘察之后，就可以根据实际情况进行工程设计了。本项目以×××地区通信基站光缆接入综合工程为例，详细介绍通信工程设计和概预算文件编制的基本过程和方法。

任务16

基站光缆接入工程综合工程图绘制

教学指南
任务16教学设计

学习指南
任务16任务单

PPT
任务16教学课件

竞赛
任务16知识抢答

知识目标

● 掌握通信工程综合图的绘制要求
● 掌握通信工程综合图绘制的注意事项

能力目标

● 完成×××基站光缆接入工程设计图例的绘制
● 完成×××基站光缆接入工程光缆网络拓扑图的绘制
● 完成×××基站光缆接入工程光缆路由图的绘制
● 完成×××基站光缆接入工程光缆施工图的绘制
● 完成×××基站光缆接入工程原A基站机房平面及ODF成端示意图的绘制
● 完成×××基站光缆接入工程原B基站机房平面及ODF成端示意图的绘制
● 完成×××基站光缆接入工程管道光缆预留安装示意图的绘制
● 完成×××基站光缆接入工程光缆标志及安全警示牌示意图的绘制
● 完成×××小区OLT机房综合工程图的绘制

16.1　任务描述

本工程为×××地区×××基站配套光缆接入工程一阶段设计。根据任务 14 可知,本期工程光缆勘测长度总计为 1.51 km(其中架空勘测长度为 1.0 km,管道勘测长度为 0.51 km),共需新建布放 24 芯光缆 1.68 皮长公里。本工程预算总投资为 3.82 万元。本任务要求小张将任务 14 勘测的草图绘制成×××地区×××基站配套光缆接入工程系统图纸,如图 16-1～图 16-8 所示,并将其保存在计算机桌面上以"学号+姓名"命名的文件夹中,文件名的命名规则为:学号+姓名+"任务 16-"+序号+项目名称。

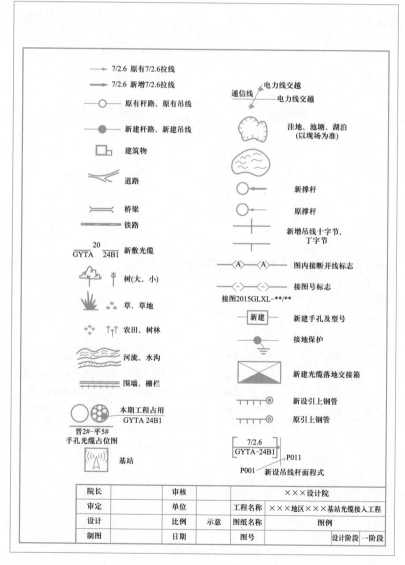

图 16-1　图例

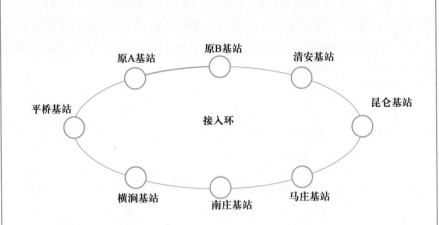

原A基站　原B基站　清安基站

平桥基站　　　接入环　　　昆仑基站

横涧基站　南庄基站　马庄基站

注：图中粗线部分为本期工程新建光缆部分

素材
光缆网络拓扑图

院长		审核		×××设计院	
审定		单位		工程名称	×××地区×××基站光缆接入工程
设计		比例	示意	图纸名称	光缆网络拓扑图
制图		日期		图号	设计阶段　一阶段

图 16-2　光缆网络拓扑图

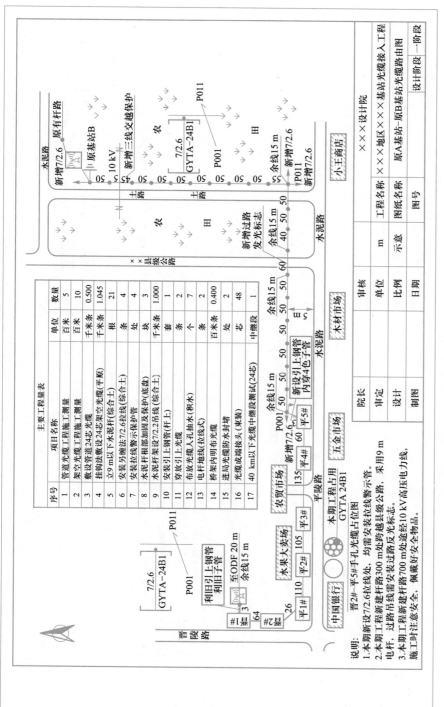

主要工程量表

序号	项目名称	单位	数量
1	管道光缆工程施工测量	百米	5
2	架空光缆工程施工测量	百米	10
3	敷设管道24芯光缆	千米条	0.500
4	挂钩法敷设24芯架空光缆(平原)	千米条	1.045
5	立9 m以下水泥杆(综合土)	根	21
6	安装另绑法7/2.6拉线(综合土)	条	4
7	安装拉线警示保护管	处	4
8	水泥杆根部加固及保护(底盘)	块	3
9	水泥杆架设7/2.2吊线(综合土)	千米条	1.000
10	穿放引上光缆	条	1
11	安装引上钢管	条	2
12	布放光缆人孔抽水(积水)	个	7
13	电杆地线(拉线式)	条	2
14	桥架内明布光缆	百米条	0.400
15	进局光缆防水封堵(束装)	处	2
16	光缆成端接头(束装)	芯	48
17	40 km以下光缆中继段测试(24芯)	中继段	1

说明:
1. 本期新设7/2.6拉线处,均需安装拉线警示管。
2. 本期工程新建杆路300 m处跨越县级公路,采用9 m电杆,过路工程段线需安装过路反光标志。
3. 本期工程新建杆路700 m处穿越10 kV高压电力线,施工时应注意安全,佩戴好安全物品。

图16-3　原A基站—原B基站光缆路由图

	×××设计院		
	工程名称	×××地区	×××基站光缆接入工程
	图纸名称	原A基站-原B基站光缆路由图	
	图号		
院长		设计阶段	一阶段
审核	单位	m	
审定	比例	示意	
设计	日期		
制图			

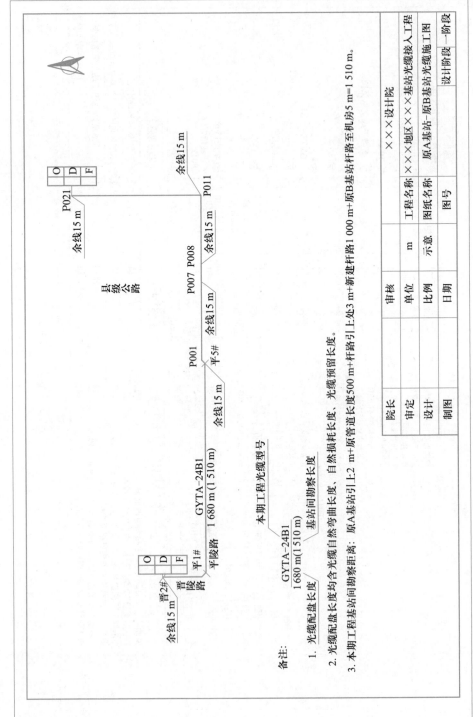

备注：

1. 光缆配盘长度均含光缆弯曲长度、自然损耗长度、光缆预留长度。

2. 光缆配盘长度均含光缆弯曲长度、自然损耗长度。

3. 本期工程基站间勘察距离：原A基站引上2 m+管道长度500 m+杆路引上处3 m+新建杆路1 000 m+原B基站杆路至机房5 m=1 510 m。

本期工程光缆型号

GYTA-24B1
1680 m(1 510 m)
基站间勘察长度

图16-4 原 A 基站-原 B 基站光缆施工图

素材
原 A 基站-
原 B 基站光
缆施工图

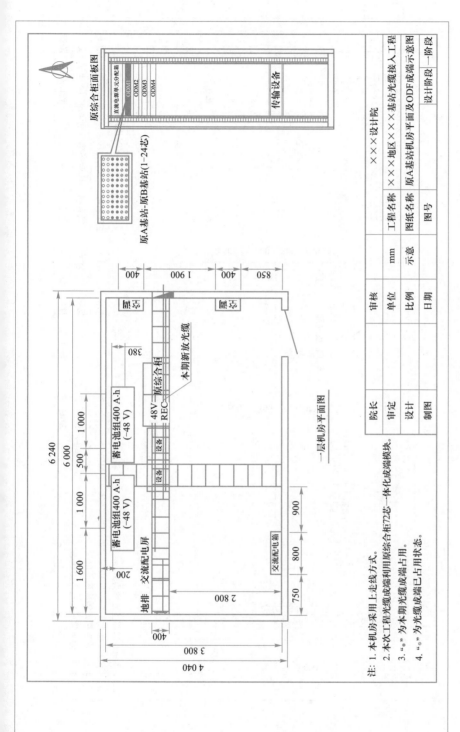

图 16-5　原 A 基站机房平面及 ODF 成端示意图

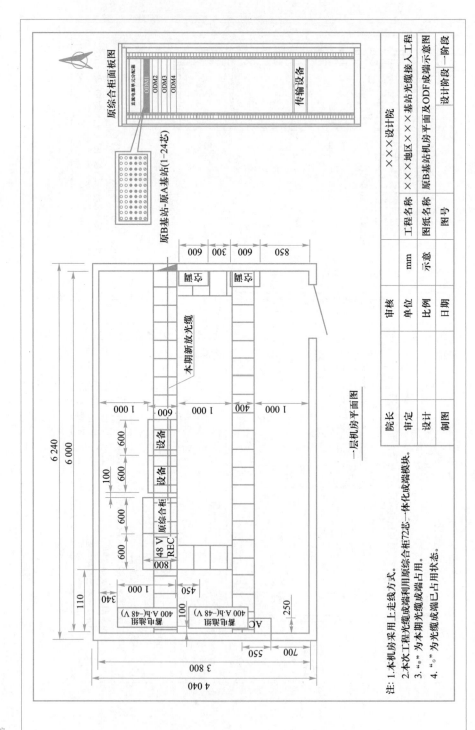

图 16-6 原 B 基站机房平面及 ODF 成端示意图

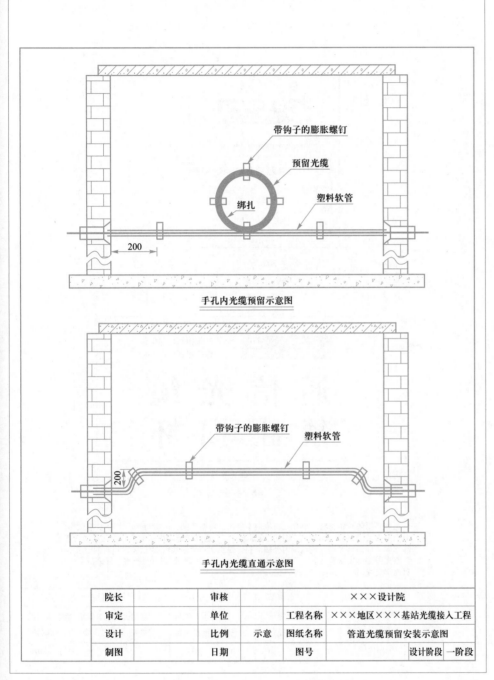

图 16-7 管道光缆预留安装示意图

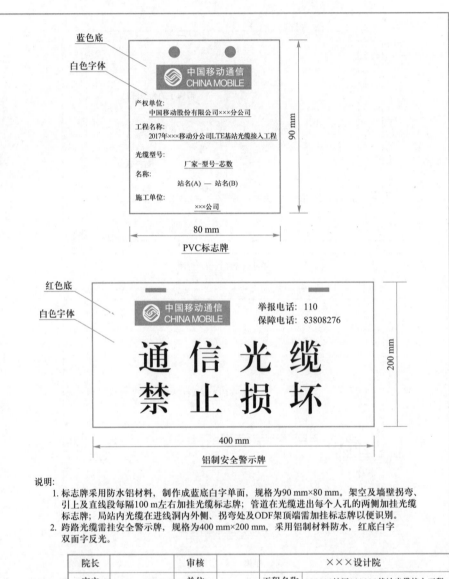

图 16-8 光缆标志及安全警示牌示意图

素材
光缆标志及
安全警示牌
示意图

16.2 **任务分析**

对于通信工程项目,一般按照从总体到部分、从宏观到微观的思路进行分析和绘制。因此,在实现该光缆接入工程项目实施过程中,先设计图形图例,以便工程技术人员从总体上把握部分图例的含义;然后绘制光缆网络拓扑图,以便从总体上了解工程项目位置;接着绘制原 A 基站–原 B 基站光缆路由图、原 A 基站–原 B 基站光缆施工图、原 A 基站机房平面及 ODF 成端示意图和原 B 基站机房平面及 ODF 成端示意图;然后绘制拉线、辅助装置及地气安装示意图,以便明确拉线安装方法;接着绘制架空光缆接头、预留及引上安装示意图和管道光缆预留安装示意图;最后绘制光缆标志及安全警示牌示意图。

微课

基站光缆接入工程综合工程图绘制

16.3 **任务实施**

在任务分析的基础上,利用直线命令、点命令、偏移命令、修剪命令、尺寸标注命令、文字命令、缩放命令、移动命令等绘制×××地区×××基站光缆接入工程综合工程图,具体步骤如表 16-1 所示。

表 16-1 综合工程图绘制步骤

操作步骤	操作过程	操作说明
步骤 1 绘制图例	利用多段线命令和文本命令绘制原有拉线和新增拉线图例 利用圆命令、直线命令和文本命令绘制原有杆路和原有吊线图例 利用圆命令、直线命令、文本命令和填充命令绘制新建杆路和新建吊线图例 利用多边形命令、直线命令和文本命令绘制建筑物图例 利用样条曲线命令和文本命令绘制道路图例 利用镜像命令、直线命令和文本命令绘制桥梁图例 利用填充命令、直线命令、修剪命令和文本命令绘制铁路图例 利用直线命令和文本命令绘制新敷光缆图例 利用样条曲线命令、直线命令和文本命令绘制树图例 利用直线命令、填充命令和文本命令绘制草、草地图例 利用直线命令和文本命令绘制农田、树林图例 利用样条曲线命令、直线命令和文本命令绘制河流、水沟图例 利用偏移命令、直线命令和文本命令绘制围墙、栅栏图例 利用圆命令、阵列命令、填充命令、直线命令和文本命令绘制光缆占位孔图例	在实际图形绘制过程中,可以灵活把握,根据实际情况,选择合适的操作步骤和绘制命令来实现图形的绘制

续表

操作步骤	操作过程	操作说明
步骤1 绘制图例	利用多边形命令、直线命令、镜像命令、圆弧命令和文本命令绘制基站图例 利用直线命令和文本命令绘制电力线交越图例 利用样条曲线命令、直线命令和文本命令绘制洼地、池塘湖泊图例 利用多段线命令、直线命令、圆命令和文本命令绘制新撑杆和原撑杆图例 利用直线命令和文本命令绘制吊线十字节和丁字节图例 利用直线命令和文本命令绘制图内接断开线标志图例 利用直线命令和文本命令绘制接图号标志图例 利用矩形命令、直线命令和文本命令绘制新建手孔及型号图例 利用圆命令、直线命令、填充命令和文本命令绘制接地保护图例 利用矩形命令、直线命令、填充命令和文本命令绘制落地交接箱图例 利用圆命令、直线命令、填充命令和文本命令绘制新设引上钢管图例 利用圆命令、直线命令和文本命令绘制原引上钢管图例 利用镜像命令、直线命令和文本命令绘制吊线杆面程式图例 利用图块命令、移动命令和文本命令完成图幅导入和图形完善	在实际图形绘制过程中，可以灵活把握，根据实际情况，选择合适的操作步骤和绘制命令来实现图形的绘制
步骤2 绘制光缆网络拓扑图	利用椭圆命令绘制拓扑轮廓 利用点等分命令将椭圆分成8等份 利用圆命令绘制节点 利用修剪命令修剪多余部分 利用文本命令添加文字 利用图块命令、移动命令和文本命令完成图幅导入和图形完善	
步骤3 绘制原A基站－原B基站光缆路由图	利用直线命令、偏移命令、修剪命令和文本命令绘制道路 利用多段线命令、圆命令、直线命令、矩形命令和文本命令绘制架空线路和管道线路 利用直线命令、矩形命令、修剪命令和文本命令绘制农田等参照物 利用表格命令绘制主要工程量表 利用文本命令完成说明内容的输入 利用图块命令、移动命令和文本命令完成图幅、指北针导入和图形完善	

续表

操作步骤	操作过程	操作说明
步骤4 绘制原A基站-原B基站光缆施工图	利用直线命令和复制命令绘制光缆路由 利用直线命令和文本命令添加引线和说明 利用文本命令完成备注内容的输入 利用图块命令、移动命令和文本命令完成图幅、指北针导入和图形完善	
步骤5 绘制原A基站机房平面及ODF成端示意图	利用多段线命令、直线命令和修剪命令绘制机房外框 利用直线命令、偏移命令和修剪命令绘制走线架 利用直线命令、矩形命令、修剪命令和文本命令绘制设备、交流配线柜、蓄电池组等主要设备图 利用尺寸标注命令完成机房和设备尺寸标注 利用文本命令完成相关文字内容输入 利用图块命令、移动命令和文本命令完成图幅、指北针导入和图形完善	
步骤6 绘制原B基站机房平面及ODF成端示意图	利用多段线命令、直线命令和修剪命令绘制机房外框 利用直线命令、偏移命令和修剪命令绘制走线架 利用直线命令、矩形命令、修剪命令和文本命令绘制设备、交流配线柜、蓄电池组等主要设备图 利用尺寸标注命令完成机房和设备尺寸标注 利用文本命令完成相关文字内容输入 利用图块命令、移动命令和文本命令完成图幅、指北针导入和图形完善	在实际图形绘制过程中,可以灵活把握,根据实际情况,选择合适的操作步骤和绘制命令来实现图形的绘制
步骤7 绘制拉线、辅助装置及地气安装示意图	利用直线命令、圆弧命令、样条曲线命令、修剪命令、镜像命令、文本命令、填充命令、标注命令等绘制两层吊线安装示意图 利用直线命令、多边形命令、修剪命令、镜像命令、文本命令、填充命令、标注命令等绘制拉线上把夹板法图 利用直线命令、圆弧命令、修剪命令、镜像命令、文本命令、填充命令、标注命令等绘制吊线丁字分歧图 利用直线命令、圆弧命令、修剪命令、镜像命令、文本命令、填充命令、标注命令等绘制电杆地线及避雷接续示意图 利用直线命令、圆命令、圆弧命令、修剪命令、镜像命令、文本命令、填充命令、标注命令等绘制水泥杆假终结图 利用直线命令、圆命令、圆弧命令、修剪命令、镜像命令、文本命令、填充命令、标注命令等绘制角杆吊线辅助装置图	

续表

操作步骤	操作过程	操作说明
步骤7 绘制拉线、 辅助装置 及地气安 装示意图	利用直线命令、圆命令、圆弧命令、修剪命令、镜像命令、文本命令、标注命令等绘制拉线中把夹固图 利用直线命令、圆弧命令、修剪命令、文本命令、标注命令等绘制拉线上把另缠法图 利用直线命令、圆命令、圆弧命令、修剪命令、镜像命令、文本命令、填充命令、标注命令等绘制水泥杆假合手图 利用直线命令、圆弧命令、修剪命令、镜像命令、文本命令、标注命令等绘制吊线接续图 利用图块命令、移动命令和文本命令完成图幅导入和图形完善	在实际图形绘制过程中,可以灵活把握,根据实际情况,选择合适的操作步骤和绘制命令来实现图形的绘制
步骤8 绘制光缆 标志及安 全警示牌 示意图	利用直线命令、圆命令、矩形命令、文本命令、填充命令、标注命令等绘制PVC标志牌示意图 利用直线命令、矩形命令、文本命令、填充命令、标注命令等绘制铝制安全警示牌示意图 利用文本命令完成说明文字内容输入 利用图块命令、移动命令和文本命令完成图幅导入和图形完善	

以上各步骤的绘制效果如图 16-1 ~ 图 16-8 所示。

16.4 知识解读

16.4.1 通信线路工程综合图组成

由于通信全程全网、联合作业的特征,通信工程是一项综合性、复合性、高质量的系统工程,通信网是通信工程建设的关键,通信线路工程综合图反映了某一通信线路工程网的建设全貌。

通信线路工程综合图包括设计图例、光缆结构图、光缆拓扑图、路由图、施工图、光缆进入机房的成端示意图、辅助装置图、光缆接头处理及引上示意图、光缆标志图。

以×××基站光缆接入工程综合图为例,其组成为:全工程用到的设计图例,光缆网络拓扑图,光缆路由图,光缆施工图,对端机房平面及 ODF 成端示意图,接入工程拉线、辅助装置及地气安装示意图,架空光缆接头、预留及引上安装示意图,光缆预留安装示意图,光缆标志及安全警示牌示意图。

16.4.2 通信线路工程综合图绘制要求

1. 通信线路工程综合图绘制的总体要求

① 工程制图应根据表述对象的性质、论述的目的与内容,选取适宜的图纸及表达方式,完整地表述主题内容。

② 图面应布局合理,排列均匀,轮廓清晰且便于识别。

③ 图纸中应选用合适的图线宽度,图中的线条不宜过粗或过细。

④ 应正确使用国家标准和行业标准规定的图形符号。派生新的符号时,应符合国家标准符号的派生规律,并应在合适的地方加以说明。

⑤ 在保证图面布局紧凑和使用方便的前提下,应选择合适的图纸幅面,使原图大小适中。

⑥ 应准确地按规定标注各种必要的技术数据和注释,并按规定进行书写或打印。

⑦ 工程图纸应按规定设置图衔,并按规定的责任范围签字。

2. 架空线路工程图绘制要求

① 仔细看好草图。

② 完成文字样式、表格样式、标注样式设置,在绘图中要注意工程的标准统一性。

③ 画路。

④ 布置杆路,并添加杆号。

⑤ 添加拉线。

⑥ 添加参照物。

⑦ 添加工作量表、技术说明、指北针等。

⑧ 添加标准图幅。

3. 管道线路工程图绘制要求

① 仔细看好草图(注:要向工程负责人问清管孔程式)。

② 在绘图中要注意工程的标准统一性(如字高的大小、尺寸标注的大小等)。

③ 布置管道路由(注:让工程负责人员核对路由是否符合现场查勘情况)。

④ 添加参照物。

⑤ 截图,加接头符号。

⑥ 编人手孔孔号(注:根据工程要求编号)。

⑦ 加管道断面、顶管、定向钻定型图。

⑧ 加主要工作量表、技术说明、指北针等。

⑨ 添加标准图幅。

参考资料

通信线路工程图形符号的使用

16.5　拓展案例

在任务 15 拓展案例实施的基础上,绘制出×××小区 OLT 机房现状图、OLT 机房装修图、OLT 机房设备平面布置图、OLT 机房走线架安装示意图、OLT 机房走线路由图,效果如图 16-9～图 16-13 所示。

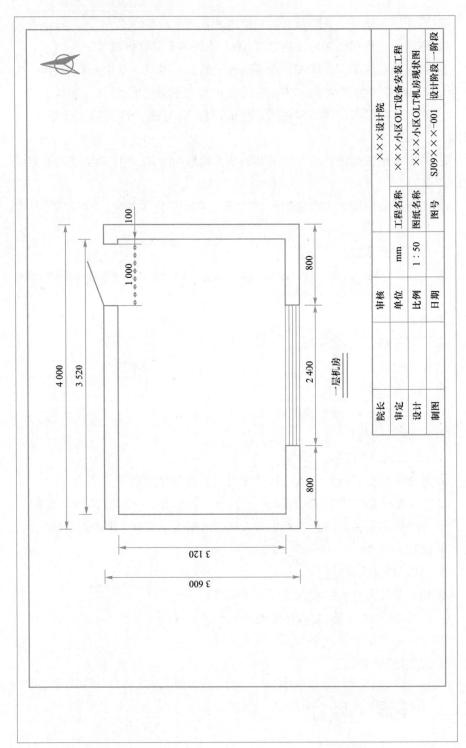

图16-9 ×××小区 OLT 机房现状图

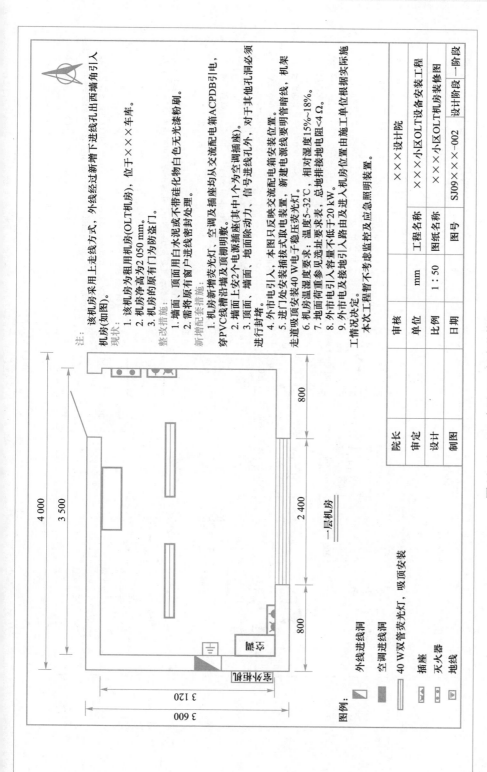

图16-10　××××小区 OLT 机房装修图

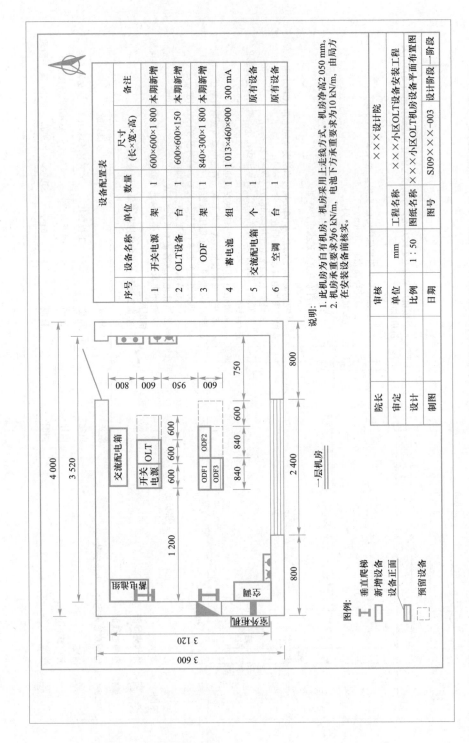

序号	设备名称	单位	数量	尺寸 (长×宽×高)	备注
1	开关电源	架	1	600×600×1 800	本期新增
2	OLT设备	台	1	600×600×150	本期新增
3	ODF	架	1	840×300×1 800	本期新增
4	蓄电池	组	1	1 013×460×900	300 mA
5	交流配电箱	个	1		原有设备
6	空调	台	1		原有设备

设备配置表

说明：
1. 此机房为自有机房，机房采用上走线方式。机房净高2 050 mm。
2. 机房承重要求为6 kN/m，电池下方承重要求为10 kN/m，由局方在安装设备前核实。

院长		审核		×××设计院			
审定		单位	mm	工程名称	×××小区OLT设备安装工程		
设计		比例	1：50	图纸名称	×××小区OLT机房设备平面布置图		
制图		日期		图号	SJ09××-003	设计阶段	一阶段

图16-11 ×××小区OLT机房设备平面布置图

图例：
垂直爬梯 ⊥
新增设备 □ 设备正面
预留设备 ⬚

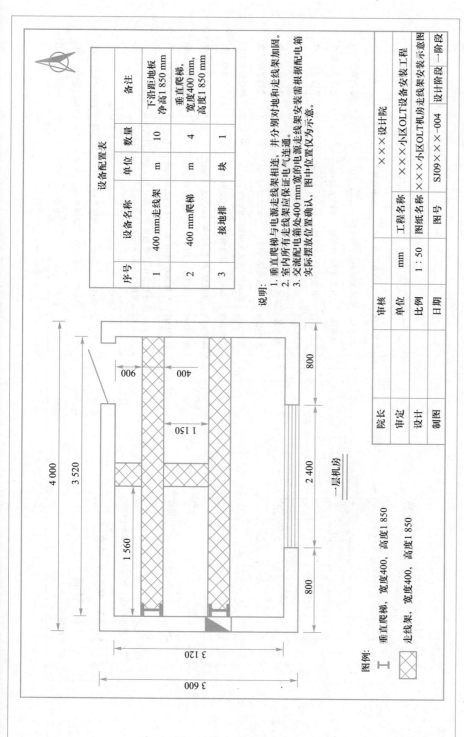

图16-12 ×××小区OLT机房走线架安装示意图

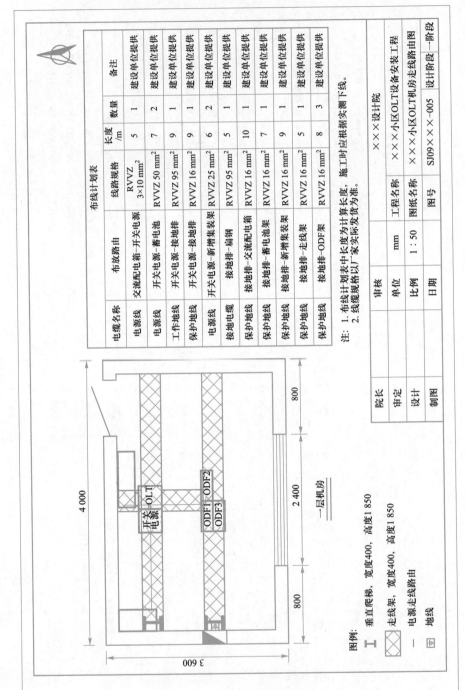

布线计划表

电缆名称	布放路由	线路规格	长度/m	数量	备注
电源线	交流配电箱-开关电源	RVVZ 3×10 mm²	5	1	建设单位提供
电源线	开关电源-蓄电池	RVVZ 50 mm²	7	2	建设单位提供
工作地线	开关电源-接地排	RVVZ 95 mm²	9	1	建设单位提供
保护地线	开关电源-接地排	RVVZ 16 mm²	9	1	建设单位提供
电源电缆	开关电源-新增集装架	RVVZ 25 mm²	6	2	建设单位提供
接地电缆	接地排-扁钢	RVVZ 95 mm²	5	1	建设单位提供
保护地线	接地排-交流配电箱	RVVZ 16 mm²	10	1	建设单位提供
保护地线	接地排-蓄电池	RVVZ 16 mm²	7	1	建设单位提供
保护地线	接地排-新增集装架	RVVZ 16 mm²	9	1	建设单位提供
保护地线	接地排-走线架	RVVZ 16 mm²	5	1	建设单位提供
保护地线	接地排-ODF架	RVVZ 16 mm²	8	3	建设单位提供

注: 1. 布线计划表中长度为计算长度,施工时应根据实测下线。
2. 线缆规格以厂家实际发货为准。

院长		审定		工程名称	×××小区OLT设备安装工程
		单位	mm	图纸名称	×××小区OLT机房走线路由图
设计		比例	1:50	图号	SJ09×××-005
审核		日期		设计阶段	一阶段
制图					

×××设计院

图例:
I 垂直爬梯,宽度400,高度1850
走线架,宽度400,高度1850
— 电源走线路由
地线

一层机房

4000　3600　800　2400　800

开关电源　OLT　ODF1　ODF2　ODF3

图16-13 ×××小区 OLT 机房走线路由图

素材 OLT机房走线路由图

任务17
基站光缆接入工程概预算文件编制

知识目标

- 掌握通信建设工程概预算文件的组成及概预算的编制规程及流程
- 掌握通信建设工程概预算表的填写方法
- 掌握通信建设工程概预算编制说明的撰写方法

教学指南
任务17教学设计

学习指南
任务17任务单

PPT
任务17教学课件

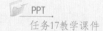
竞赛
任务17知识抢答

能力目标

- 完成×××基站光缆接入工程工程量的统计
- 完成×××基站光缆接入工程预算表的填写
- 完成×××基站光缆接入工程编制说明的撰写

17.1　任务描述

小张在完成中国移动股份有限公司×××分公司原 A 基站到原 B 基站的配套光缆接入线路工程勘测任务(任务 14)和绘图任务(任务 16)后,需要对该工程进行一阶段设计预算的编制。

根据中国移动股份有限公司×××分公司与×××公司签订的设计合同,给定的已知条件如下。

① 本工程施工企业驻地距施工现场 100 km,工程所在地为江苏省非特殊地区。

② 本工程勘察设计费(除税价)为 1 500 元,监理费(除税价)为 1 000 元。

③ 本工程预算内施工用水电蒸汽费按 300 元计取,不计列建设用地及综合赔补费、工程干扰费、工程排污费、已完工程及设备保护费、运土费、项目建设管理费、可行性研究费、环境影响评价费、工程保险费、工程招标代理费、其他费用、生产准备及开办费,以及建设期利息。

④ 国内配套主材的运距都为 150 km,本工程主材均由建筑服务方提供,具体主材单价假设均为 5 元(乙供材料)。

⑤ 本工程在平原地区敷设 24 芯光缆一条,光缆自然弯曲系数忽略不计,单盘光缆检验和中继段测试不要求测试偏振模色散(单窗口)。

⑥ 管道部分人孔有积水,直埋部分光缆沟不放坡,沟底 0.3 m,沟深 0.8 m,采用挖松填方式。

工程图纸如图 17-1 所示。

17.2　任务分析

1. 工程量的统计

认真识读图 17-1 后,具体工程量计算如下。

① 管道光缆工程施工测量:数量 = (64+26+110+105+135+60) m = 500 m。

② 直埋光缆工程施工测量:数量 = (3+3) m = 6 m。

③ 架空光缆工程施工测量:数量 = (50+50+50+50+50+50+60+40+50+50+55+50+50+50+50+50+50+50+45+50) m = 1 000 m。

④ 光缆单盘检验:数量 = 24 芯盘。

⑤ 人孔抽水(积水):数量 = 7 个。

⑥ 敷设管道 24 芯光缆:数量 = 500 m。

⑦ 挖松填光缆沟体积:数量 = (0.3×0.8×6) m³ = 1.44 m³。

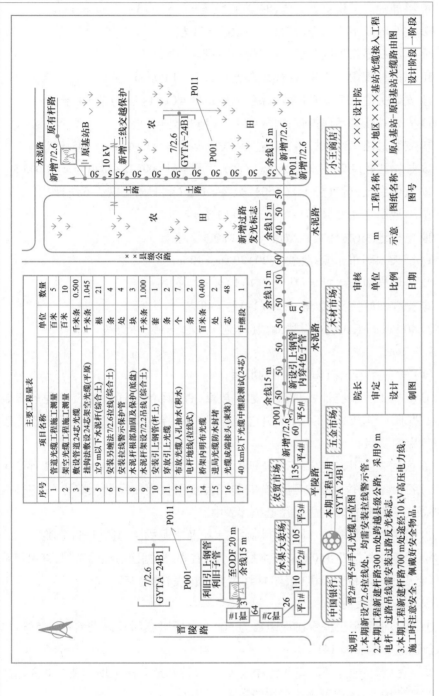

图 17-1 原 A 基站-原 B 基站 B 基站光缆路由图

⑧ 平原地区敷设直埋光缆(24芯):数量=(15+3+3+15)m=36 m。

⑨ 立9 m以下水泥杆(综合土):数量=21根。

⑩ 水泥杆根部加固及保护(底盘):数量=3块。

⑪ 水泥杆架设7/2.2吊线(综合土):数量=1 000 m。

⑫ 安装另缠法7/2.6拉线(综合土):数量=(1+1+1+1)条=4条。

⑬ 安装拉线警示保护管:数量=(1+1+1+1)处=4处。

⑭ 安装过路吊线保护装置(发光标志):数量=(60+45)m=105 m。

⑮ 挂钩法敷设24芯架空光缆(平原):数量=(1 000+15+15+15)m=1 045 m。

⑯ 安装引上钢管(杆上)(φ50):数量=1套(利用墙上钢管不统计)。

⑰ 穿放引上光缆(6 m):数量=(1+1)条=2条。

⑱ 电杆地线(拉线式):数量=(1+1)条=2条。

⑲ 桥架内明布光缆:数量=(20+20)m=40 m。

⑳ 进局光缆防水封堵:数量=(1+1)处=2处。

㉑ 光缆成端接头:数量=(24+24)芯=48芯。

㉒ 40 km以下光缆中继段测试(24芯):数量=1个中继段。

2. 预算表的填写

(1)表三甲、乙、丙和表四甲的填写

① 根据工程量统计的项目名称及数量,查阅《信息通信建设工程预算定额 第四册 通信线路工程》相关定额条目内容,完成建筑安装工程量预算表(表三)甲的填写。

② 根据表三甲,各定额下涉及机械的转到建筑安装工程机械使用费预算表(表三)乙中,涉及仪表的转到建筑安装工程仪器仪表使用费预算表(表三)丙中,涉及主要材料的转到主材用量统计表中。

③ 对主材按光缆、塑料及塑料制品、水泥及水泥构件、其他进行分类。

④ 根据主材运距150 km,查主材运杂费费率;根据通信线路工程,查保管费费率;完成国内器材预算表(表四)甲(主要材料表)的填写。

(2)表二的填写

① 施工企业距工程所在地距离为100 km,所以临时设施费费率为5%,施工队伍调遣费定额为141元。

② 工程所在地为江苏省非特殊地区,所以特殊地区施工增加费为0元。江苏省为Ⅲ类地区,冬雨季施工增加费费率为1.8%。

③ 本工程为平原地区,非城区,所以工程干扰费不计取。

④ 本工程预算内施工用水电蒸汽费按300元计取,不计列工程排污费、已完工程及设备保护费、运土费。

⑤ 由表三乙可以看出,本工程无大型施工机械,所以无大型施工机械调遣费。

⑥ 本工程为建筑方提供主材,所以无甲供材料,销项税额=建安工程费(除税价)×9%。

⑦ 建安工程费(含税价)=建安工程费(除税价)+销项税额。

根据上述数值填写建筑安装工程费用预算表(表二)。

（3）表五甲的填写

① 由已知条件可知,安全生产费以建筑安装工程费为计费基础,相应费率为1.5%。

② 本工程勘察设计费(除税价)为1 500元;勘察设计费的增值税=1 500×6%元=90.00元;勘察设计费(含税价)=(1 500+90)元=1 590.00元。

③ 本工程监理费(除税价)为1 000元;监理费的增值税=1 000×6%元=60.00元;监理费(含税价)=(1 000+60.00)元=1 060.00元。

由此完成工程建设其他费预算表(表五)甲的填写。

（4）表一的填写

因本工程为一阶段设计,所以计取预备费,且基本预备费费率为4%。其中,建筑安装工程费的增值税来自表二的销项税额,工程建设其他费的增值税来自表五的增值税。预备费的增值税为除税价×13%。根据上述数值填写工程预算总表(表一)。

17.3 任务实施

1. 填写表三甲

根据任务分析中统计的项目名称及数量,查阅《信息通信建设工程预算定额　第四册　通信线路工程》相关定额条目内容,完成表三甲的填写,如表17-1[①]所示。

表17-1　建筑安装工程量　预　算表（表三）甲

工程名称:×××平原地区原A基站-原B基站光缆线路工程　建设单位名称:×××移动通信公司　表格编号:TXL-3甲

序号	定额编号	项目名称	单位	数量	单位定额值/工日		合计值/工日	
					技工	普工	技工	普工
I	II	III	IV	V	VI	VII	VIII	IX
1	TXL1-003	管道光缆工程施工测量	百米	5	0.35	0.09	1.75	0.45

微课
基站光缆接入工程概预算文件编制

测验
基站光缆接入工程概预算文件编制随堂测验

素材
工程预算表

---

① 表17-1～表17-10由Excel编制,所有表之间的数据具有一定的关联性。由于部分表中数据在显示时采用四舍五入的原则,保留两位小数,而在计算时仍使用原始数据,因此会出现个别数据计算结果不一致的情况,请读者知悉。

序号	定额编号	项目名称	单位	数量	单位定额值/工日		合计值/工日	
					技工	普工	技工	普工
2	TXL1-001	直埋光缆工程施工测量	百米	0.06	0.56	0.14	0.033 6	0.008 4
3	TXL1-002	架空光缆工程施工测量	百米	10	0.46	0.12	4.6	1.2
4	TXL1-006	光缆单盘检验	芯盘	24	0.02	0	0.48	0
5	TXL4-001	布放光缆人孔抽水（积水）	个	7	0.25	0.5	1.75	3.5
6	TXL4-012	敷设管道24芯光缆	千米条	0.5	6.83	13.08	3.415	6.54
7	TXL2-001	挖松填光缆沟体积	百立方米	0.014 4	0	39.38	0	0.567 072
8	TXL2-015	平原地区敷设直埋光缆(24芯)	千米条	0.036	5.88	26.88	0.211 68	0.967 68
9	TXL3-001	立9 m以下水泥杆（综合土）	根	21	0.52	0.56	10.92	11.76
10	TXL3-039	水泥杆根部加固及保护(底盘)	块	3	0.1	0.25	0.3	0.75
11	TXL3-168	水泥杆架设7/2.2吊线(综合土)	千米条	1	3	3.25	3	3.25
12	TXL3-063	安装另缠法7/2.6拉线(综合土)	条	4	0.92	0.6	3.68	2.4
13	TXL3-143	安装拉线警示保护管	处	4	0.2	0.2	0.8	0.8
14	TXL3-150	安装过路吊线保护装置(发光标志)	m	105	0.05	0.05	5.25	5.25
15	TXL3-187	挂钩法敷设24芯架空光缆(平原)	千米条	1.045	6.31	5.13	6.593 95	5.360 85
16	TXL4-043	安装引上钢管（杆上）(ϕ50)	套	1	0.2	0.2	0.2	0.2
17	TXL4-050	穿放引上光缆	条	2	0.52	0.52	1.04	1.04
18	TXL3-146	电杆地线(拉线式)	条	2	0.07	0	0.14	0
19	TXL5-074	桥架内明布光缆	百米条	0.4	0.4	0.4	0.16	0.16
20	TXL4-048	进局光缆防水封堵	处	2	0.13	0.13	0.26	0.26

续表

序号	定额编号	项目名称	单位	数量	单位定额值/工日		合计值/工日	
					技工	普工	技工	普工
21	TXL6-005	光缆成端接头（束装）	芯	48	0.15	0	7.2	0
22	TXL6-073	40 km 以下光缆中继段测试（24 芯）	中继段	1	2.58	0	2.58	0
23	小计						54.36	44.46
24	系数调整后合计（小计×1.15）						62.52	51.13

设计负责人：×××   审核：×××   编制：×××   编制日期：××××年××月

2. 填写表三乙、表三丙、主材用量统计表、主材用量分类汇总表、表四甲

将表三甲各定额下涉及机械的转到表三乙中，涉及仪表的转到表三丙中，涉及主要材料的转到主材用量统计表中，然后再对主材按光缆、塑料及塑料制品、水泥及水泥构件、其他进行分类，并根据主材运距 150 km 查主材运杂费费率，根据通信线路工程查保管费费率，完成表四甲（主要材料表）的填写，结果如表 17-2 ～表 17-6 所示。

表 17-2   建筑安装工程机械使用费 预 算表（表三）乙

工程名称：×××平原地区原 A 基站-原 B 基站光缆线路工程   建设单位名称：×××移动通信公司   表格编号：TXL-3 乙

序号	定额编号	项目名称	单位	数量	机械名称	单位定额值		合计值	
						消耗量/台班	单价/元	消耗量/台班	合价/元
I	II	III	IV	V	VI	VII	VIII	IX	X
1	TXL4-001	布放光缆人孔抽水（积水）	个	7	抽水机	0.2	119	1.4	166.6
2	TXL3-001	立 9 m 以下水泥杆（综合土）	根	21	汽车式起重机（5 t）	0.04	516	0.84	433.44
3	TXL6-005	光缆成端接头（束装）	芯	48	光纤熔接机	0.03	144	1.44	207.36
4			合计						807.4

设计负责人：×××   审核：×××   编制：×××   编制日期：××××年××月

表 17-3 建筑安装工程机械使用费__预__算表（表三）丙

工程名称:×××平原地区原 A 基站-原 B 基站光缆线路工程　　　建设单位名称:×××移动通信公司　　　表格编号:TXL-3 丙

序号	定额编号	项目名称	单位	数量	仪表名称	单位定额值		合计值	
						消耗量/台班	单价/元	消耗量/台班	合价/元
I	II	III	IV	V	VI	VII	VIII	IX	X
1	TXL1-003	管道光缆工程施工测量	百米	5	激光测距仪	0.04	119	0.2	23.8
2	TXL1-001	直埋光缆工程施工测量	百米	0.06	地下管线探测仪	0.05	157	0.003	0.471
3	TXL1-001	直埋光缆工程施工测量	百米	0.06	激光测距仪	0.04	119	0.002 4	0.285 6
4	TXL1-002	架空光缆工程施工测量	百米	10	激光测距仪	0.05	119	0.5	59.5
5	TXL1-006	光缆单盘检验	芯盘	24	光时域反射仪	0.05	153	1.2	183.6
6	TXL4-012	敷设管道24芯光缆	千米条	0.5	有毒有害气体检测仪	0.3	117	0.15	17.55
7	TXL4-012	敷设管道24芯光缆	千米条	0.5	可煅气体检测仪	0.3	117	0.15	17.55
8	TXL6-005	光缆成端接头（束装）	芯	48	光时域反射仪	0.05	153	2.4	367.2
9	TXL6-073	40 km 以下光缆中继段测试(24 芯)	中继段	1	光时域反射仪	0.42	153	0.42	64.26
10	TXL6-073	40 km 以下光缆中继段测试(24 芯)	中继段	1	稳定光源	0.42	117	0.42	49.14
11	TXL6-073	40 km 以下光缆中继段测试(24 芯)	中继段	1	光功率计	0.42	116	0.42	48.72
12		合计							832.08

设计负责人:×××　　　　审核:×××　　　　编制:×××　　　　编制日期:××××年××月

表 17-4　主材用量统计表

序号	定额编号	项目名称	工程量	主材名称	规格型号	单位	定额量	使用量
1	TXL4-012	敷设管道 24 芯光缆	0.5	聚乙烯波纹管		m	26.7	13.35
2	TXL4-012	敷设管道 24 芯光缆	0.5	胶带（PVC）		盘	52	26
3	TXL4-012	敷设管道 24 芯光缆	0.5	镀锌铁线 φ1.5		kg	3.05	1.525
4	TXL4-012	敷设管道 24 芯光缆	0.5	光缆		m	1 015	507.5
5	TXL4-012	敷设管道 24 芯光缆	0.5	光缆托板		块	48.5	24.25
6	TXL4-012	敷设管道 24 芯光缆	0.5	托板垫		块	48.5	24.25
7	TXL4-012	敷设管道 24 芯光缆	0.5	余缆架		套	1	0.5
8	TXL4-012	敷设管道 24 芯光缆	0.5	标志牌		个	10	5
9	TXL2-015	平原地区敷设直埋光缆（24 芯）	0.036	光缆		m	1 005	36.18
10	TXL3-001	立 9 m 以下水泥杆（综合土）	21	水泥电杆（梢径 13～17 cm）		根	1.01	21.21
11	TXL3-001	立 9 m 以下水泥杆（综合土）	21	水泥 c32.5		kg	0.2	4.2
12	TXL3-039	水泥杆根部加固及保护（底盘）	3	水泥底盘		块	1.01	3.03
13	TXL3-168	水泥杆架设 7/2.2 吊线（综合土）	1	镀锌穿钉 100		副	1.01	1.01
14	TXL3-168	水泥杆架设 7/2.2 吊线（综合土）	1	吊线箍		套	22.22	22.22
15	TXL3-168	水泥杆架设 7/2.2 吊线（综合土）	1	三眼单槽夹板		副	22.22	22.22
16	TXL3-168	水泥杆架设 7/2.2 吊线（综合土）	1	镀锌铁线 φ4.0		kg	2	2
17	TXL3-168	水泥杆架设 7/2.2 吊线（综合土）	1	镀锌铁线 φ3.0		kg	1	1
18	TXL3-168	水泥杆架设 7/2.2 吊线（综合土）	1	镀锌铁线 φ1.5		kg	0.1	0.1
19	TXL3-168	水泥杆架设 7/2.2 吊线（综合土）	1	拉线抱箍		套	4.04	4.04

续表

序号	定额编号	项目名称	工程量	主材名称	规格型号	单位	定额量	使用量
20	TXL3-168	水泥杆架设 7/2.2 吊线（综合土）	1	拉线衬环		个	8.08	8.08
21	TXL3-063	安装另缠法 7/2.6 拉线（综合土）	4	镀锌钢绞线 7/2.2		kg	3.8	15.2
22	TXL3-063	安装另缠法 7/2.6 拉线（综合土）	4	镀锌铁线 φ1.5		kg	0.04	0.16
23	TXL3-063	安装另缠法 7/2.6 拉线（综合土）	4	镀锌铁线 φ3.0		kg	0.7	2.8
24	TXL3-063	安装另缠法 7/2.6 拉线（综合土）	4	镀锌铁线 φ4.0		kg	0.22	0.88
25	TXL3-063	安装另缠法 7/2.6 拉线（综合土）	4	地锚铁柄		套	1.01	4.04
26	TXL3-063	安装另缠法 7/2.6 拉线（综合土）	4	水泥拉线盘		套	1.01	4.04
27	TXL3-063	安装另缠法 7/2.6 拉线（综合土）	4	拉线衬环		个	2.02	8.08
28	TXL3-063	安装另缠法 7/2.6 拉线（综合土）	4	拉线抱箍		套	1.01	4.04
29	TXL3-143	安装拉线警示保护管	4	拉线警示管		套	1.01	4.04
30	TXL3-150	安装过路吊线保护装置（发光标志）	105	保护管		m	1	105
31	TXL3-150	安装过路吊线保护装置（发光标志）	105	警示装置		套	0.5	52.5
32	TXL3-187	挂钩法敷设 24 芯架空光缆（平原）	1.045	光缆		m	1 007	1 052.315
33	TXL3-187	挂钩法敷设 24 芯架空光缆（平原）	1.045	挂钩		只	2 060	2 152.7
34	TXL3-187	挂钩法敷设 24 芯架空光缆（平原）	1.045	保护软管		m	25	26.125
35	TXL3-187	挂钩法敷设 24 芯架空光缆（平原）	1.045	镀锌铁线 φ1.5		kg	1.02	1.065 9

续表

序号	定额编号	项目名称	工程量	主材名称	规格型号	单位	定额量	使用量
36	TXL3-187	挂钩法敷设24芯架空光缆（平原）	1.045	标志牌		个	10	10.45
37	TXL4-043	安装引上钢管（杆上）(φ50)	1	管材（直）		根	1.01	1.01
38	TXL4-043	安装引上钢管（杆上）(φ50)	1	管材（弯）		根	1.01	1.01
39	TXL4-043	安装引上钢管（杆上）(φ50)	1	镀锌铁线φ4.0		kg	1.2	1.2
40	TXL4-050	穿放引上光缆	2	光缆		m	6	12
41	TXL4-050	穿放引上光缆	2	镀锌铁线φ1.5		kg	0.1	0.2
42	TXL4-050	穿放引上光缆	2	聚乙烯塑料管		m	6	12
43	TXL3-146	电杆地线（拉线式）	2	镀锌铁线φ4.0		kg	0.2	0.4
44	TXL5-074	桥架内明布光缆	0.4	光缆		m	102	40.8
45	TXL4-048	进局光缆防水封堵	2	防水材料		套	1	2
46	TXL6-005	光缆成端接头（束装）	48	光缆成端头材料		套	1.01	48.48
47	TXL6-005	光缆成端接头（束装）	48	热缩管		m	0.1	4.8
48		合计						4 295.00

表17-5 主材用量分类汇总表

序号	类别	名称	规格	单位	使用量
1	光缆	光缆	24芯	m	1 648.80
2		聚乙烯波纹管		m	13.35
3		胶带（PVC）		盘	26.00
4		光缆托板		块	24.25
5		托板垫		块	24.25
6	塑料及塑料制品	拉线警示管		套	4.04
7		保护管		m	105.00
8		警示装置		套	52.50
9		保护软管		m	26.13
10		聚乙烯塑料管		m	12.00
11		热缩管		m	4.80
12		水泥电杆（梢径13~17 cm）		根	21.21
13	水泥及水泥构件	水泥 c32.5	c32.5	kg	4.20
14		水泥底盘		块	3.03
15		水泥拉线盘		套	4.04

续表

序号	类别	名称	规格	单位	使用量
16		镀锌铁线 $\phi1.5$		kg	3.05
17		余缆架		套	0.50
18		标志牌		个	15.45
19		镀锌穿钉100		副	1.01
20		吊线箍		套	22.22
21		三眼单槽夹板		副	22.22
22		镀锌铁线 $\phi4.0$		kg	4.48
23		镀锌铁线 $\phi3.0$		kg	3.80
24	其他	拉线抱箍		套	8.08
25		拉线衬环		个	16.16
26		镀锌钢绞线 7/2.2		kg	15.20
27		地锚铁柄		套	4.04
28		挂钩		只	2 152.70
29		管材(直)		根	1.01
30		管材(弯)		根	1.01
31		防水材料		套	2.00
32		光缆成端头材料		套	48.48
合计					4 295.00

表 17-6　国内器材__预__算表(表四)甲
(　主要材料　)表

工程名称:×××平原地区原A基站-原B基站光缆线路工程　　　建设单位名称:×××移动通信公司　　　表格编号:TXL-4甲A

序号	名称	规格程式	单位	数量	单价/元	合计/元			备注
					除税价	除税价	增值税	含税价	
I	II	III	IV	V	VI	VII	VIII	IX	X
1	光缆	24芯	m	1 648.80	5.00	8 244.00	1 071.72	9 315.72	
	光缆类小计1					8 244.00	1 071.72	9 315.72	
	运杂费(小计1×1.5%)					123.66	16.08	139.74	
	运输保险费(小计1×0.1%)					8.24	1.07	9.32	
	采购保管费(小计1×1.1%)					90.68	11.79	102.47	
	光缆类合计1					8 466.59	1 100.66	9 567.24	
2	聚乙烯波纹管		m	13.35	5.00	66.75	8.68	75.43	

续表

序号	名称	规格程式	单位	数量	单价/元 除税价	合计/元 除税价	增值税	含税价	备注
3	胶带（PVC）		盘	26.00	5.00	130.00	16.90	146.90	
4	光缆托板		块	24.25	5.00	121.25	15.76	137.01	
5	托板垫		块	24.25	5.00	121.25	15.76	137.01	
6	拉线警示管		套	4.04	5.00	20.20	2.63	22.83	
7	保护管		m	105.00	5.00	525.00	68.25	593.25	
8	警示装置		套	52.50	5.00	262.50	34.13	296.63	
9	保护软管		m	26.13	5.00	130.65	16.98	147.63	
10	聚乙烯塑料管		m	12.00	5.00	60.00	7.80	67.80	
11	热缩管		m	4.80	5.00	24.00	3.12	27.12	
	塑料类小计2					1 461.60	190.01	1 651.61	
	运杂费（小计2×4.8%）					70.16	9.12	79.28	
	运输保险费（小计2×0.1%）					1.46	0.19	1.65	
	采购保管费（小计2×1.1%）					16.08	2.09	18.17	
	塑料类合计2					1 549.30	201.41	1 750.70	
12	水泥电杆（梢径13~17 cm）		根	21.21	5.00	106.05	13.79	119.84	
13	水泥 c32.5	c32.5	kg	4.20	5.00	21.00	2.73	23.73	
14	水泥底盘		块	3.03	5.00	15.15	1.97	17.12	
15	水泥拉线盘		套	4.04	5.00	20.20	2.63	22.83	
	水泥及水泥制品类小计3					162.40	21.11	183.51	
	运杂费（小计3×20%）					32.48	4.22	36.70	
	运输保险费（小计3×0.1%）					0.16	0.02	0.18	
	采购保管费（小计3×1.1%）					1.79	0.23	2.02	
	水泥及水泥制品类合计3					196.83	25.59	222.42	
16	镀锌铁线 φ1.5		kg	3.05	5.00	15.25	1.98	17.23	
17	余缆架		套	0.50	5.00	2.50	0.33	2.83	
18	标志牌		个	15.45	5.00	77.25	10.04	87.29	
19	镀锌穿钉100		副	1.01	5.00	5.05	0.66	5.71	
20	吊线箍		套	22.22	5.00	111.10	14.44	125.54	
21	三眼单槽夹板		副	22.22	5.00	111.10	14.44	125.54	
22	镀锌铁线 φ4.0		kg	4.48	5.00	22.40	2.91	25.31	
23	镀锌铁线 φ3.0		kg	3.80	5.00	19.00	2.47	21.47	
24	拉线抱箍		副	8.08	5.00	40.40	5.25	45.65	
25	拉线衬环		个	16.16	5.00	80.80	10.50	91.30	
26	镀锌钢绞线 7/2.2		kg	15.20	5.00	76.00	9.88	85.88	

续表

序号	名称	规格程式	单位	数量	单价/元 除税价	合计/元 除税价	合计/元 增值税	合计/元 含税价	备注
27	地锚铁柄		套	4.04	5.00	20.20	2.63	22.83	
28	挂钩		只	2 152.70	5.00	10 763.50	1 399.26	12 162.76	
29	管材(直)		根	1.01	5.00	5.05	0.66	5.71	
30	管材(弯)		根	1.01	5.00	5.05	0.66	5.71	
31	防水材料		套	2.00	5.00	10.00	1.30	11.30	
32	光缆成端头材料		套	48.48	5.00	242.40	31.51	273.91	
	其他类小计4					11 607.05	1 508.92	13 115.97	
	运杂费(小计4×4%)					464.28	60.36	524.64	
	运输保险费(小计4×0.1%)					11.61	1.51	13.12	
	采购保管费(小计4×1.1%)					127.68	16.60	144.28	
	其他类合计4					12 210.62	1 587.38	13 798.00	
	总计(合计1+合计2+合计3+合计4)					22 423.33	2 915.03	25 338.36	

设计负责人:×××　　　　　审核:×××　　　　　编制:×××　　　　　编制日期:××××年××月

3. 填写表二、表五、表一

根据给定的条件,查找通信线路工程的费率,完成表二、表五、表一的填写,结果如表 17-7 ~ 表 17-9 所示。

表 17-7　建筑安装工程费用　预　算表(表二)

项目名称:×××平原地区原A基站-原B基站光缆线路工程　　　建设单位名称:×××移动通信公司　　　编号:TXL-2

序号	费用名称	依据和计算方法	合计/元	序号	费用名称	依据和计算方法	合计/元
I	II	III	IV	I	II	III	IV
	建安工程费(含税价)	一+二+三+四	50 791.88	(2)	普工费	普工工日×61 元/工日	3 119.15
	建安工程费(除税价)	一+二+三	46 598.06	2	材料费	(1)+(2)	22 490.60
一	直接费	(一)+(二)	38 289.33	(1)	主要材料费	主要材料表	22 423.33
(一)	直接工程费	1+2+3+4	34 376.38	(2)	辅助材料费	主要材料费×0.3%	67.27
1	人工费	(1)+(2)	10 246.30	3	机械使用费	表三乙	807.40
(1)	技工费	技工工日×114 元/工日	7 127.15	4	仪表使用费	表三丙	832.08

续表

序号	费用名称	依据和计算方法	合计/元	序号	费用名称	依据和计算方法	合计/元
（二）	措施费	1+2+3+…+15	3 912.95	13	运土费	已知条件	0.00
1	文明施工费	人工费×1.5%	153.69	14	施工队伍调遣费	单程调遣定额×调遣人数×2	1 410.00
2	工地器材搬运费	人工费×3.4%	348.37	15	大型施工机械调遣费	调遣车运价×调遣运距×2	0.00
3	工程干扰费	不计	0.00	二	间接费	（一）+（二）	6 259.46
4	工程点交、场地清理费	人工费×3.3%	338.13	（一）	规费	1+2+3+4	3 451.98
5	临时设施费	人工费×5%	512.32	1	工程排污费		0.00
6	工程车辆使用费	人工费×5%	512.32	2	社会保障费	人工费×28.5%	2 920.20
7	夜间施工增加费	不计	0	3	住房公积金	人工费×4.19%	429.32
8	冬雨季施工增加费	人工费×1.8%	184.43	4	危险作业意外伤害保险费	人工费×1%	102.46
9	生产工具用具使用费	人工费×1.5%	153.69	（二）	企业管理费	人工费×27.4%	2 807.49
10	施工用水电蒸汽费	按实计列	300.00	三	利润	人工费×20%	2 049.26
11	特殊地区施工增加费	总工日×特殊地区补贴金额	0.00	四	销项税额	建安工程费（除税价）×适用税率	4 193.83
12	已完工程及设备保护费	已知条件	0.00				

设计负责人：×××　　　　审核：×××　　　　编制：×××　　　　编制日期：××××年××月

表 17-8　工程建设其他费　预　算表（表五）甲

工程名称：×××平原地区原 A 基站-原 B 基站光缆线路工程　　　建设单位名称：×××移动通信公司　　　表格编号：TXL-5 甲

序号	费用名称	计算依据及方法	金额/元			备注
			除税价	增值税	含税价	
I	II	III	IV	V	VI	VII
1	建设用地及综合赔补费	不计			0.00	
2	项目建设管理费	不计			0.00	
3	可行性研究费	不计			0.00	
4	研究试验费	不计			0.00	
5	勘察设计费	已知条件	1 500.00	90.00	1 590.00	
6	环境影响评价费	不计			0.00	

续表

序号	费用名称	计算依据及方法	金额/元			备注
			除税价	增值税	含税价	
7	建设工程监理费	已知条件	1 000.00	60.00	1 060.00	
8	安全生产费	建筑安装工程费（除税价）×1.5%	698.97	62.91	761.88	
9	引进技术及进口设备其他费	不计			0.00	
10	工程保险费	不计			0.00	
11	工程招标代理费	不计			0.00	
12	专利及专利技术使用费	不计			0.00	
13	其他费用	不计			0.00	
	总计		3 198.97	212.91	3 411.88	
14	生产准备及开办费（运营费）	不计				

设计负责人：×××　　　　审核：×××　　　　编制：×××　　　　编制日期：××××年××月

表 17-9　工程　预　算总表（表一）

建设项目名称：

项目名称：×××平原地区原A基站–原B基站光缆线路工程　　　建设单位名称：×××移动通信公司　　　表格编号：TXL-1

序号	表格编号	费用名称	小型建筑工程费	需要安装的设备费	不需要安装的设备、工器具费	建筑安装工程费	其他费用	预备费	总价值			其中外币（　）
						/元			除税价	增值税	含税价	
I	II	III	IV	V	VI	VII	VIII	IX	X	XI	XII	XIII
1	TXL-2	建筑安装工程费				46 598.06			46 598.06	4 193.83	50 791.88	
2	TXL-5甲	工程建设其他费					3 198.97		3 198.97	212.91	3 411.88	
3		合计							49 797.03	4 406.73	54 203.76	
4		预备费						1 991.88	1 991.88	258.94	2 250.83	
5		建设期利息										
6		总计							51 788.91	4 665.68	56 454.58	
		其中回收费用										

设计负责人：×××　　　　审核：×××　　　　编制：×××　　　　编制日期：××××年××月

4. 撰写编制说明

（1）工程概况

本设计为×××平原地区原 A 基站–原 B 基站光缆线路工程一阶段设计,光缆总皮长为 1 506 m,预算总价值为 56 454.58 元。

（2）编制依据及有关费用费率的计取

① 工信部通信〔2016〕451 号《工业和信息化部关于印发信息通信建设工程预算定额、工程费用定额及工程概预算编制规程的通知》。

②《信息通信建设工程预算定额　第四册　通信线路工程》。

③ 建筑方提供的材料报价。

④ 本工程勘察设计费(除税价)为 1 500 元,监理费(除税价)为 1 000 元。预算内施工用水电蒸汽费按 300 元计取,不计列建设用地及综合赔补费、工程干扰费、工程排污费、已完工程及设备保护费、运土费、项目建设管理费、可行性研究费、环境影响评价费、工程保险费、工程招标代理费、其他费用、生产准备及开办费,以及建设期利息。

（3）工程技术经济指标分析

本工程各项目占总投资额的比例如表 17–10 所示。

表 17–10　工程技术经济指标分析表

序号	项目	单位	经济指标分析	
工程项目名称：×××平原地区原 A 基站–原 B 基站光缆线路工程				
			数量	指标/%
1	工程总投资(预算)	元	56 454.58	100.00%
2	其中:需要安装的设备	元		
3	建筑安装工程费	元	50 791.88	89.97%
4	预备费	元	2 250.83	3.99%
5	工程建设其他费	元	3 411.88	6.04%
6	光缆总皮长	千米	1.506	
7	折合纤芯千米	千米	36.144	
8	皮长造价	元/千米	37 486.44	
9	单位千米造价	元/纤芯千米	1 561.94	

17.4　知识解读

17.4.1　概预算表格及填写顺序

1. 概预算表格

通信建设工程概预算表格共 6 种 10 张表格,分别为建设项目总概预算表(汇总表)、工程概预算总表(表一)、建筑安装工程费用概预算表(表二)、建筑安装工程量概预算表(表三)甲、建筑安装工程施工机械使用费概预算表(表三)乙、建筑安装工程仪器仪表使用费概预算表(表三)丙、国内器材概预算表(表四)甲、进口器材概预算表(表四)乙、工程建设其他费概预算表(表五)甲、进口设备工程建设其他费用概预算表(表五)乙,具体表格参见 17.3 节。

关于概预算表填写的总说明如下。

① 本套表格供编制工程项目概算或预算使用,各类表格的标题"＿＿＿"应根据编制阶段明确填写"概"或"预"。

② 本套表格的表首填写具体工程的相关内容。

③ 本套表格中"增值税"栏目中的数值,均为建设方应支付的进项税额。在计算乙供主材时,表四中的"增值税"及"含税价"栏可不填写。

④ 本套表格的编码规则见表 17-11 和表 17-12。

表 17-11　表格编码表

表格名称		表格编号
汇总表		专业代码-总
表一		专业代码-1
表二		专业代码-2
表三	表三甲	专业代码-3 甲
	表三乙	专业代码-3 乙
	表三丙	专业代码-3 丙
表四甲	材料表	专业代码-4 甲 A
	设备表	专业代码-4 甲 B
	不需要安装设备、仪表工器具	专业代码-4 甲 C
表四乙	材料表	专业代码-4 乙 A
	设备表	专业代码-4 乙 B
	不需要安装设备、仪表工器具	专业代码-4 乙 C
表五	表五甲	专业代码-5 甲
	表五乙	专业代码-5 乙

表 17-12　专业代码编码表

专业名称	专业代码
通信电源设备安装工程	TSD
有线通信设备安装工程	TSY
无线通信设备安装工程	TSW
通信线路工程	TXL
通信管道工程	TGD

2. 概预算表格填写顺序

概预算 10 张表格的填写一般要遵循一定的顺序,如图 17-2 所示。

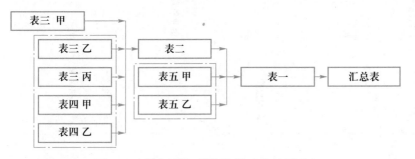

图 17-2　通信建设工程概预算表格填写顺序

17.4.2　通信建设工程费用定额

工信部〔2016〕451 号文中的《信息通信建设工程费用定额》第一章"信息通信建设工程费用构成"中说明了信息通信建设工程项目总费用的构成如图 17-3 所示,各单项工程总费用的构成如图 17-4 所示。

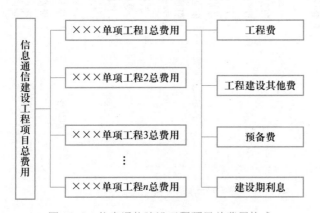

图 17-3　信息通信建设工程项目总费用构成

测验
通信建设工程
费用定额随堂
测验

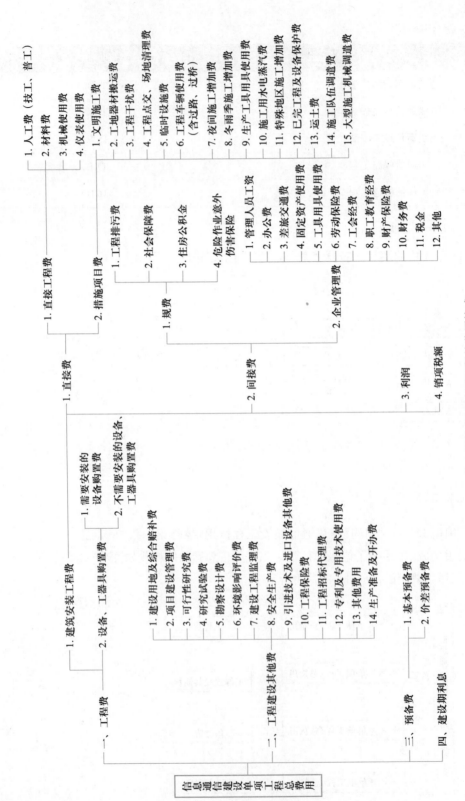

图17—4　信息通信建设单项工程总费用构成

工信部〔2016〕451 号文中的《信息通信建设工程费用定额》第二章"信息通信建设工程费用定额及计算规则"中详细说明了各项费用的含义及计算规则，具体可参阅相关文件。

参考资料
信息通信建设工程施工机械、仪表台班单价

17.4.3　通信建设工程施工机械、仪表台班单价定额

工信部〔2016〕451 号文中的《信息通信建设工程费用定额》第三章"信息通信建设工程施工机械、仪表台班单价"中说明了信息通信建设工程施工机械、仪表台班的单价，可扫描边栏中的二维码查看具体内容。

17.5　拓展案例

本次工程是任务 15 中的 A 基站设备安装工程，采用一阶段设计，A 基站设备平面图如图 17-5 所示。该基站位于六楼，本次工程新建基站设备 TD-LTE 一架、蓄电池两组、交流配电箱一套、组合式开关电源一架，不考虑调试工程量，其他未说明的工程量无须统计。

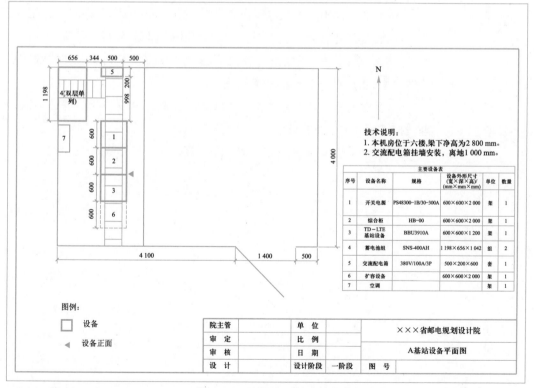

图 17-5　A 基站设备平面图

① 本次工程建设单位为江苏省×××移动分公司，施工环境正常。
② 工程施工企业距离工程所在地约 60 km。

③ 所有设备价格均为到达基站机房的预算价格,国内配套主材运距为100 km。

④ 本次工程的设备、材料价格如表 17-13 和表 17-14 所示。

表 17-13　A 基站主要设备表

设备序号	设备名称	规格	单位	数量	除税单价/元	增值税/元
1	开关电源	PS48300-1B/30-300A	架	1	5 000	650
3	TD-LTE 基站设备	BBU3910A	架	1	40 000	5 200
4	蓄电池组	SNS-400AH	组	2	3 000	390
5	交流配电箱	380V/100A/3P	台	1	2 000	260

表 17-14　主要材料价格表

设备序号	材料名称	规格型号	单位	除税价/元	增值税/元
7	膨胀螺栓	M12×80	套	6	0.78

⑤ 本次工程施工用水电蒸汽费为除税价 2 000 元,不计取已完工程及设备保护费、建设用地及综合赔补费、项目建设管理费、可行性研究费、研究试验费、环境影响评价费、工程保险费、工程招标代理费、专利及专利技术使用费、其他费用、生产准备及开办费等费用。

⑥ 工程勘察设计费除税价为 10 000 元,施工阶段委托监理公司监理,监理费按工程费的 2.5% 计取。

⑦ 要求手工编制该工程的施工图预算。

参考文献

[1] 于正永.通信工程制图与 CAD[M].大连:大连理工大学出版社,2012.

[2] 解相吾.通信工程设计制图[M].北京:电子工业出版社,2010.

[3] 管明祥.通信线路施工与维护[M].北京:人民邮电出版社,2014.

[4] 陈志民.AutoCAD 从入门到精通[M].北京:机械工业出版社,2014.

[5] 李波.AutoCAD 2015 循序渐进教程[M].北京:北京希望电子出版社,2015.

[6] 袁宝玲.通信工程制图实例化教程[M].北京:清华大学出版社,2015.

[7] 中华人民共和国工业和信息化部.YD/T 5015—2015 通信工程制图与图形符号规定[S].北京:
     人民邮电出版社,2015.

[8] 中华人民共和国住房和城乡建设部.GB 51158—2015 通信线路工程设计规范[S].北京:中国
     计划出版社,2016.

[9] 中华人民共和国工业和信息化部.YD 5123—2010 通信线路工程施工监理规范[S].北京:北京
     邮电大学出版社,2010.

[10] 中华人民共和国工业和信息化部.YD 5125—2014 通信设备安装工程施工监理规范[S].北
     京:北京邮电大学出版社,2014.

郑重声明

高等教育出版社依法对本书享有专有出版权。任何未经许可的复制、销售行为均违反《中华人民共和国著作权法》，其行为人将承担相应的民事责任和行政责任；构成犯罪的，将被依法追究刑事责任。为了维护市场秩序，保护读者的合法权益，避免读者误用盗版书造成不良后果，我社将配合行政执法部门和司法机关对违法犯罪的单位和个人进行严厉打击。社会各界人士如发现上述侵权行为，希望及时举报，我社将奖励举报有功人员。

反盗版举报电话　（010）58581999　58582371

反盗版举报邮箱　dd@hep.com.cn

通信地址　北京市西城区德外大街4号　高等教育出版社法律事务部

邮政编码　100120

读者意见反馈

为了收集对教材的意见建议，进一步完善教材编写并做好服务工作，读者可将对本教材的意见建议通过如下渠道反馈至我社。

咨询电话　400-810-0598

反馈邮箱　gjdzfwb@pub.hep.cn

通信地址　北京市朝阳区惠新东街4号富盛大厦1座

　　　　　高等教育出版社总编辑办公室

邮政编码　100029